从运维菜鸟到大咖

你还有多远

数据中心设施运维指南

程小丹 李崇辉 曹洁 等著

U0299492

电子工业出版社·

Publishing House of Electronics Industry

北京·BEIJING

内 容 简 介

本书由实战经验丰富的数据中心运维达人、专家，以运维人手记的方式，分享这些年踩过的坑、蹚过的雷，不仅有成功经验，还有对挫折和教训的反思，甚至还有惊心动魄的数据中心火灾救援过程。内容分为两大部分，"运维人手记"和"关键设备运维指南"。第一部分是通过运维人 Tom 和 Peter 的故事，讲述运维人员在实际工作中会经历的那些事儿。首次汇聚了业内运维精英的实操案例，有助于运维人员从别人的教训中吸取经验，降低自己犯错的概率。第二部分是由数据中心核心设备供应商们讲述数据中心的主要设备在运维过程中需要注意的要点，体现了厂商的多年技术积累和经验之谈，有助于运维人员提升设备维护水平。

本书适合数据中心运维工作人员、企业管理者，以及对信息系统和数据中心运维感兴趣的各界人士阅读。

未经许可，不得以任何方式复制或抄袭本书之部分或全部内容。
版权所有，侵权必究。

图书在版编目（CIP）数据

从运维菜鸟到大咖，你还有多远：数据中心设施运维指南 / 程小丹等著. —北京：电子工业出版社，2016.4

ISBN 978-7-121-28275-1

Ⅰ.①从… Ⅱ.①程… Ⅲ.①机房管理 Ⅳ.①TP308

中国版本图书馆CIP数据核字（2016）第045336号

策划编辑：吴长莘
责任编辑：李　冰
特约编辑：刘广钦
印　　刷：北京虎彩文化传播有限公司
装　　订：北京虎彩文化传播有限公司
出版发行：电子工业出版社
　　　　　北京市海淀区万寿路 173 信箱　　　　邮编：100036
开　　本：787×980　　1/16　　印张：25.25　　字数：323.2 千字
版　　次：2016 年 4 月第 1 版
印　　次：2024 年 3 月第 8 次印刷
定　　价：98.00 元

凡所购买电子工业出版社图书有缺损问题，请向购买书店调换。若书店售缺，请与本社发行部联系，联系及邮购电话：(010) 88254888，88258888。

质量投诉请发邮件至 zlts@phei.com.cn，盗版侵权举报请发邮件至 dbqq@phei.com.cn。

本书咨询联系方式：(010) 88254750。

序1

当前，"互联网+"的浪潮势不可当，大数据时代大幕来临，云计算产业迎来黄金发展期，云数据中心已成为国家战略性、基础性的信息基础设施。"十三五"规划明确提出要实施"网络强国"战略及"互联网+"行动计划，大力推动各行各业购买云计算服务，使云计算产业达到了前所未有的战略高度。以云计算、大数据、物联网等新型技术为代表的新兴产业，将有效推动国家产业整体转型升级和结构性调整，实现信息通信业万亿元产值再造，对中国占领新一轮全球IT制高点具有战略意义。

以智能终端、智能家居、互联网应用为代表的移动互联网正处于爆发期，以智慧政务、智慧交通、智慧医疗、智慧教育、智慧旅游等为代表的智慧城市应用正在全面实施，以虚拟现实、人工智能、机器人等为代表的智能产业正在加速进入商用和实用阶段，这些新技术、新业务、新应用每天都在产生海量数据，都需要云计算的全面支撑。云数据中心的基础性、安全性支撑作用会更加凸显。

云计算产业的迅猛崛起，深刻影响着新一代云数据中心的建设模式和运维模式，对设计理念、建设标准、交付速度、网络结构、业务持续性、安全性、可靠性、节能环保等提出了全新挑战。三联供、工厂预制组件、微模块等建设模式深刻变革；风幕制冷、冷门背板、高压直流等绿色技术层出不穷；服务器定制化深入推进。传统的IDC业务加速云化，SDN/NFV技术将改变传统的网络结构，更方便实现"云网一体"，降低建设成本，提高运维效率，提升网络柔性可变和安全的能力。

运维是云数据中心生命周期中最后一个、也是历时最长的一个阶段，涉及基础设施的可用性、配置管理的有效性、IT 设备的可用性、人员操作的熟练程度、风险的管控程度等多个方面，是能否提供安全可靠、高效和低成本运营的关键。因此，建立一套满足客户和适应市场需求的国际一流运维生产体系，需要统一完整的运维服务模型，先进又实用的运维体系，一体化、集约化、标准化的运维生产流程和规程；需要适用先进的质量管理体系和运维方法理论，培养和造就专业化的运维团队等。

不积跬步，无以至千里；不积小流，无以成江海。当下，程小丹先生聚合产业链之力，诞生了《从运维菜鸟到大咖，你还有多远》这样一本先进、实用、生动，既"高大上"又"接地气"的技术书籍；既可作为窗前读物亦可作为培训教材。如同一杯清茶，让工程师和管理者们小憩一下，回味悠长。

中国联通云数据公司总经理

2016 年 1 月于京

序 2

云计算、移动互联网、大数据，这些新业务模式和新技术正在给传统金融企业带来空前的机遇和挑战。只有主动拥抱这些变革，积极地引领行业创新，才能将 IT、服务管理变为我们重要的竞争力。而数据中心是所有 IT 系统的重要底层支撑，其可靠运行则是管理的焦点。

只有每个投入到数据中心建设和运维的人员，才会体会到支撑一个全国性数据中心的个中滋味。随着业务越来越集中在企业核心数据中心，IT 风险也高度集中，按照中心极限定理，不难得出结论：当 N 个小数据中心集中成一个大型数据中心的时候，以标准差来衡量，风险增长了 $\sqrt{n}$ 倍。任意一个微小的失误都会造成全局性的影响，要克服风险成倍的增长，唯一的出路就是让管理水平也成倍的增长，让技术能力也成倍的增长，让人员技能也成倍的增长。只有在人、技术、流程、资源、政策、文化、领导等方方面面都做到最好，才可能在缓释无处不在的风险的同时，让业务享受到前所未有的迅捷，让客户感受到无与伦比的体验。

作为数据中心工作者，数据中心是我们每个人的"孩子"，一个调皮的"孩子"，我们对她爱恨交加，却又执着不悔，为她献出了自己的智慧、汗水和历历在目的无眠之夜。多少个夜里，笔者和同事们坐在冰冷的机房地板上，听着服务器风扇呼啸沉吟，我知道那是渴望起飞的声音，是每个数据中心人内心的呼唤。回首我们留在这伤心之地，却又渐渐逝去的年华，笔者常常莫名其妙地想起了一句台词："爱对了是爱情，爱错了是青春。"

走过这些年，无数本《指南》《大全》伴随着我们的足迹，开启着我们的智慧，其中的精华融入我们血液，成为我们灵与肉。我相信这部《从运维菜鸟到大咖，你还有多远》也将是其中的一本。它的定位非常独特，虽不是数据中心运维管理的百科全书，不能包治百病，但也是荟萃了数据中心众多运维行家经验的心血之谈，这本书结合了运维人手记和设备运维指南，不枯燥，不教条，尤其是"运维人手记"让人身临其境。我和我的伙伴很高兴参与其中部分的写作。如果这本书能够让从事运维行业工作的读者在读完后少犯一个错误，就善莫大焉了。

高旭磊

招商银行数据中心总经理

序 3

互联网从最初 Web 1.0、2.0 应用，逐渐演进到云计算、大数据时代，进而全面迈向"互联网＋"的万物互联时代，数据中心作为互联网的关键基础设施和物理承载体，逐渐从成本中心演变为服务中心，从支撑业务到驱动业务发展，并成为业务创新的加速器。

作为一家互联网公司，百度业务的高速成长，高度依赖于高可靠、高效率、高质量的数据中心基础设施。新的时代带来了新的契机，也对数据中心提出了更高的要求。短短几年，服务器规模从几百台迅速扩展到数十万台；机架功率密度从几安培、十几安培增加到几十安培；数据中心从建筑单体扩展到城市，建成多个数据中心集群；传输系统从专线租用到自建传输骨干，带宽从 M 级扩容到 T 级。这些变化，不断考验着数据中心规划建设、供电及冷却能力、业务整合和流量调度能力……而要保证所有业务和应用安全、稳定、高效地运行，最终考验的是数据中心团队运维及管理能力。随着"互联网＋"渗透到各行各业，数据中心的规模越来越大，系统越来越复杂，数据中心安全运行面临越来越多的挑战：

- 规模爆发式增长，但人才储备不足，行业运维人才短缺。
- 子系统众多，系统很复杂，标准化程度不高，管理难度大。
- 自动化、平台化及智能化程度不足，人为故障因素占比高。
- 行业竞争激烈，设备质量下降，能耗普遍高，成本压力大。

我本人在数据中心行业从业十多年，从事过规划设计、技术研发、建设交付、运维管理，深深体会到数据中心全生命周期是一个系统工程，任一环节的疏漏最后都需要运维环节来弥补，否则就会给业务带来极大的安全隐患。在数据中心整个生命周期里，运维阶段的责任是重中之重。设计可用性 99.99% 的数据中心，运维不当也许只有 99.9% 的稳定性；相反，设计可用性 99.9% 的数据中心，通过精细化运营和管理可以做到 99.99% 的稳定性。

百度很早就意识到数据中心设施运维管理的重要性，我们的 M1 数据中心是国内第一家通过 Uptime M&O 认证的数据中心。我们清醒地认识到，数据中心运维管理绝非易事，需要主动、积极地寻找更有效的方式来不断优化，我们创立并运用可用性及健康度评估模型来提升服务稳定性；同时，我们也深刻认识到，做好运维，需要整个行业更多的交流和互相学习。我本人参与开放数据中心委员会（ODCC），是希望打造活跃、高效、具有国际竞争力的数据中心生态圈和开放平台，通过开放、协作、创新、共赢的方式促进行业合作、产业创新和新技术应用。我们也非常鼓励行业里更多的技术交流和经验共享。

训练有素的数据中心运维团队是保障互联网业务快速发展必不可少的核心力量。随着大数据、人工智能等在数据中心系统的应用，数据中心逐渐向自动化、智能化和面向无人值守的数据中心方向演进，对运维水平和管理能力提出了更高层次的要求。

《从运维菜鸟到大咖，你还有多远》汇集了国内领先的数据中心运维企业的精英们，以运维人手记的方式，分享运维人自己第一手的经验和教训。"他山之石，可以攻玉"，我认为这有助于运维人员从别人的教训中吸取经验，降低自己犯错的概率，是非常有意义的。百度公司也很高兴能在其中分享我们的些许经验。

　　行业的运维专家们把踩过的坑、成功的应对经验分享出来，是希望能提升国内数据中心行业的整体运维管理水平，改变重建设、轻运维的不良现象。我期待这本书会带动行业里更多的经验分享，让中国的数据中心运维水平达到新的高度。

开放数据中心委员会（ODCC）主席

数据中心联盟（DCA）副理事长

百度系统部副总监

前　言

数据中心设施运维，经常被与数据中心 IT 系统运维混为一谈。实际上，两者的工作虽然都以保证 IT 系统的可用性为最终目标，但在工作对象上，却是截然不同的。IT 运维本质上是和比特（bit）打交道，设施运维则主要和瓦特（Watt）打交道。

工作对象的不同，决定了工作方式也不可能完全一样。鉴于机电系统的复杂性，数据中心设施运维更像是一门经验性的学科。所谓经验性学科，就是很难坐在计算机前，靠科学计算就能找到所有的解决方案。传统的设施运维更多地依赖于久病成医，即犯了足够的错误以后，就可以把运维做得好些了。

当然，如果大家都愿意把自己犯的错误共享出来，就可以让整个行业受益，毕竟，不是所有的雷都需要靠自己蹚出来的。但是，要让行业的从业者分享自己经历过的事故是很难的，因为每位数据中心的领导都希望外部认为自己的运维是完美无缺的。所以，我们很少看到对于一个数据中心事故的深度分析，更多地是看到莺歌燕舞的正面报道。

本书首次突破这一行业习惯，这是第一部由行业运维精英们共同分享的真实运维经历，其中记录了很多成功经验，但更多的是对挫折和教训的反思，以及惊心动魄的数据中心火灾救援过程。这种第一手的经验，是很难通过传统的教科书获得的。

本书还是第一部以小说体写成的运维经理人手记。当我们决定一起写这本书时，大家都希望写一本能够让读者有阅读乐趣的书。记得多年之前看过一本书叫作《一分钟经理人》，这本书与其他的管理书相比较，最大的特点就是可读性强。为什么数据中心运维不可以有点乐趣呢？所以，本书第一部分以小说体的方式，来讲述运维经理和运维工程师在数据中心运维过程中可能会经历的一些事情和过程。我们设置了两个人物：Tom 和 Peter，在这两个人物身上，可以看到所有运维人的影子。当然，应该给他们这么洋的名字，还是更加本土化的"小明"和"小军"呢，这个我们写作组也有争论，但我们最终还是觉得小学学数学的时候，已经受够了小明和小军了，所以还是选择了 Tom 和 Peter。

华为的喻茂萍总主动担纲第一章的写作，并且很快就写出了既充满专业知识又具满满人文情怀的第一章，为整个第一部分的文风定了调。来自招商银行、中国联通、中国移动、中国电信等二十多家数据中心的其他专家们也都奉献了自己宝贵的运维经验和感悟。我发觉，很多平日里非常严谨的理工男女们，其实都有一颗文学青年的心。

本书第二部分是请数据中心核心设备供应商从他们的角度来讲述数据中心的主要设备在运维过程中需要注意的要点。我们给出的场景设定如下：如果你交付你的设备给运维团队，你希望给他们什么样的建议来更好地运维，以保持你的设备拥有最佳的运行状态，并延长设备的生命周期。非常感谢伊顿、施耐德、中达、康明斯、南都等设备厂商的领导们可以站在用户角度看问题，重视设备的运维，积极参与本书的写作。来自工商银行的李崇辉老师和德拓天全的曹洁老师负责第二部分的总体编审，做了大量的工作。浙江电信的叶明哲老师贡献了水冷空调的维护指南。我们的微信群"数据中心设施运维百人会"中的群友互动讨论帮助澄清了我们写作中的很多技术困惑。

还要特别感谢我中科仙络的同事们，尤其是负责本书排版编辑的王彤，文字汇总编辑的闵谦，他们的辛勤工作使得本书能够如期完成。还有毕业于清华美院的插画作者顾众，她的作品为本书添色不少。最后要感谢我太太及两位女儿，她们给予了我牵头写作本书极大的精神支持。因为两位女儿都各自出了书，背后还有我太太作为编辑给予支持，我才有信心启动这本书的写作工作。

数据中心运维是一项非常关键但又枯燥、重复性很高的工作。在我们接触过的运维团队中，见过不断挑战自我，追求精进的主动性运维组织；也见过把运维看作出了问题再进行修补的被动性运维组织。从短期来看，两种工作方式的结果并无大的不同；但从长期来看，我们相信主动性组织一定会取得更加高可用、高效率的运维结果。希望本书有助于让数据中心高层管理者更加重视运维，也希望数据中心运维的执行者能够从同业者的经验教训中获得一些收益。

程小丹

北京中科仙络智算科技股份有限公司董事长

2016 年 1 月 31 日

作者群

程小丹　　喻茂萍　　吴铁刚　　陈炎通

张彦军　　张 凯　　康 楠　　蔡 欣

曹 洁　　梁 纲　　邹 松　　丁结良

李崇辉　　李 良　　叶明哲　　张永萍

卢泽模　　李润生　　杨晓怡　　王　茜

李永涛　　顾觉惠　　李红坤　　苏旭江

石葆春　　郭钰明　　黄志杰　　王　伟

郑荣贵　　黄轶彪　　苏冠华　　杜华锐

孙慧永　　周里功　　林晓东　　史 磊

牟笑迎　　王国兴　　李志国　　乔 鑫

袁晓东　　邢 鑫　　温 源　　李华健

贺向明　　赵永红　　张志勇　　梁 明

参与单位

目 录

Part 1
运维经理人手记

Part 2

关键设备运维指南

运维人说

    运维是一项需要长期坚持、耐得住寂寞的工作。数据中心运维更需要有一颗像大海一样宽阔包容，却又如镜湖一样平静淡定的心。台上一分钟，台下十年功。作为 IT 生产环境的守护者，日常需要细心识风险、排隐患，一次次化解危机于无形；节假日宝贵的时间窗，更要争分夺秒、通宵达旦实施变更或整改优化。数据中心运维推行的是风险管理和预防性维护策略，做到极致的结果是：她就在那里，无处不在，却没人感觉到她的存在。莫非这就是运维人追求的最高境界？是的。运维工作从未走到前台，观众看不到他们，甚至不知道他们，但他们却学会了自娱自乐。时而巡查、时而检修，时而测试演练、时而又应急抢修，时而暗流涌动、时而又风平浪静。没有一颗坚强的、冷静的、热爱的心，运维人不会坚守到今天。

喻茂萍

Part 1

运维经理人手记

位于成都的万达云基地有望成为国内第一个通过 Uptime Tier IV 建造认证（TCCF）的数据中心

Chapter 1

接手运维

1 初来乍到

在北京城难得的蓝天下，Tom 抬头望着眼前这座宏伟的建筑，心里不由得赞叹：这就是传说中的"数据中心！"这座单体建筑，从外表看不出里面有几层楼，但 Tom 的直觉告诉他这个建筑的面积得有 2 万～3 万平方米。比起 Tom 同学之前在一家国企负责的 300 平方米机房，这个建筑就是"巨无霸"了。

300 平方米的机房可以说是麻雀虽小，五脏俱全。UPS、配电、空调、高架地板、监控，各种专业的设备该有的也都有了。一手负责建设了个 300 平方米的机房、还运行了 5 年的 Tom 同学，觉得自己也算是半个机房专家了。但不知道从哪天起，周围的人都开始管机房叫数据中心了，Tom 原来一直感觉数据中心比起机房，就是换汤不换药的时髦叫法，纯属某些厂商忽悠出来的概念。但今天看着这大型数据中心外面的专用变电站，Tom 开始感觉到这数据中心确实和自己负责的机房有点不一样。自己要干好这大型数据中心运维的活，还真有不少新知识需要学习。

Tom 是上个月决定跳槽到这家数据中心来做运维的。其实 Tom 对于自己一手建设运行的机房还是很有感情。只是这几年公司的业务发展很快，除了国内的业务，还有不少国际业务，这就对他们 IT 支撑部门提出了 24 小时不间断运行的要求。Tom 带领着一个小团队，负责公司唯一的数据机房的运维，从基础设施日常维护，到服务器上架和配置、故障处理，都得亲自上阵。尽管没日没夜、兢兢业业地忙碌，却还是免不了出各种状况。Tom 原来的老板是科技部总经理，搞软件出身，对业务开发非常关注，但对运维却不太重视，总觉得运维就是简单重复的事情，没有太多价值。因此，老板在 Tom 团队的人员编制上卡得很紧，又不让请外包。Tom 就经常捉襟见肘，疲于应付。终于有一天，积重难返，各种问题集中爆发。一方面，工作量大得让他们晕头转向；另一方面，他们因为手忙脚乱地满足业务的需求，疏于质量流程管理，机房掉了一次电，影响了业务连续性。因此，他们部门被业务投诉，被领导"修理"。Tom 感觉再也坚持不下去了。他想改变，立即改变，一刻也不要等！

人生最幸福的事情，莫过于：你想睡觉时，刚好有人送来一个松软的枕头，还有一个温暖的被窝。这天晚上，已经很晚了，Tom 没有收到枕头，却收到了一条微信。发微信的人是 Peter。

Tom 是去年在一次研讨会上认识 Peter 的。Peter 是数据中心的前辈，当时正在负责一个大型绿色数据中心的规划，讲起 PPT 来两眼放光、口若悬河，号称他正在设计的数据中心是国内领先，国际也领先。Tom 在下面听着，对 Peter 先生的敬仰如滔滔江水连绵不绝。休息时赶紧主动递了张名片，聊了一会儿，越发地佩服这位言谈中时不时带着几个英文单词的专家。而 Peter 也很欣赏有着丰富一线经验的 Tom。两人聊得甚是投机，加了微信，常有联系。

却说 Peter 在 IT 和通信行业干了十多年了。国企干过，外企也干过，最大的优点就是英语好，还爱学习，肯钻研，知识面特别广。所以，行业里每次有啥新浪潮，他总是弄潮儿。虽然 Peter 是做 IT 出身的，但自从美国人开始聊绿色数据中心、PUE 啥的，他就开始在国内发表文章，纵论绿色数据中心设施的各种趋势。所以，各家办研讨会也经常请他去给露个脸、讲个话，因此

Peter 也在行业里积累了不少粉丝。有一天，他所在的单位要建一个新数据中心，英语好又懂数据中心的 Peter 就陪着领导去美国溜达了一圈。在回国的路上，领导语重心长地对 Peter 说："我们的目标是要建设一个二十年不落后的数据中心，这件事就交给你了！"

很快，Peter 被正式任命为数据中心总经理，负责这个数据中心的建设和运行。这一年多下来，Peter 又是找人规划设计，进行各种论证，又是招标走流程，过五关斩六将，时不时还得亲自盯着建设现场，确保质量。眼看着机房建设得差不多了，他忽然想起后期得找人帮着看好运维这摊子事啊，于是就想起了 Tom。

毕竟 Peter 自己之前没有做过一线的机房运维工作，他需要 Tom 这样有着丰富实战经验的人来帮他管好运维。于是他拿起了手机，给 Tom 发了条微信。Peter 发微信时想起乔布斯那句著名的"你想卖一辈子糖水，还是跟我一起改变世界？"就来了一句："你想一辈子守着 300 平方米的机房，还是跟我一起运行最高端的数据中心？"这边 Tom 本来已经是穷途思变，还有啥可多想的？于是，就有了今天 Tom 正式入职的日子。

走进这座高大且装修精致的建筑楼，前台的接待人员礼貌地接待了 Tom，然后替他呼叫了 Peter。转眼间，戴着安全帽的 Peter 如一阵风似地出现，手里还替 Tom 拿了一顶安全帽。没有太多寒暄，Peter 直截了当地告诉 Tom："这几天机房一期的建设到了最后的测试验证阶段，你一起参加一下吧。""测试验证？"这个对于 Tom 很新鲜，当年他负责建设那个 300 平方米的机房时，没做过啥测试验证，顶多是给 UPS 接上假负载，看看电池的时间是否够。

Peter 拍拍他的肩膀说 "数据中心工程建设就是一个设备集成过程，即使每个单个设备都是好的，但集成在一起，未必就会按照设计时预想的目标来运行。只有通过测试验证，才可以发现设计或者建造过程中的问题，确保机房达到运行的目标。现在国外所有数据中心的建设，都已经把最终的第三方测试验证（Testing and Commissioning）当成建设的标准步骤。就拿汽车组装为例，假设你的车架、发动机、方向盘、轮胎，每个部件都是用奔驰最牛的部件，但是我随便找个组装厂给你组装好了,还没有试车,直接就交给你了,你敢开吗？"

Tom 有点明白了。脑子里闪过某马大侠说的淘宝上可以买到所有零件来组装一辆兰博基尼的故事。马大侠充分说明了淘宝上货品的丰富性，不过要是直接在杭州谁家车库里把这车组装好了，估计马大侠自己肯定不会坐的。

Peter 继续说道："国内很多领导还没有意识到测试验证的重要性，经常因为项目工期紧，或者前期没有申请预算，就把这个重要的步骤给忽略了。这样，建设和设计过程中的疏漏就很容易留下来，成为后期运维的重大隐患。这些都有很多血的教训，所以我们说测试验证是数据中心运维的起点。"

2 冷却系统验证

说着话，Peter 已经带着 Tom 走进机房，穿过走廊，他们首先来到的是 DCIM（Data Center Infrastructure Management）监控室。大部分的数据中心机房参观，都是从监控室开始。因为监控室里一般都有大屏幕，那上面的各种数字、图表、视频很容易让人感受到科技的震撼。Peter 很得意地介绍了这套象征着他们"鸟枪换炮"、从此步入自动化运行新时代的监控系统。他逐一展示了 EPMS（工程业务管理系统）、ITMS（智能监控管理系统）、BMS（楼宇管理系统）、CCTV（视频监控系统）、ACCESS system（门禁管理系统）、Fire system（消防监控系统）。尽管这些系统还没有完全调试完，屏幕上时不时闪烁着红色的、黄色的、绿色的字符或者标识，提示着一个个不太安分的存在。从监控室展示的系统架构图上可以看出这是一个高等级的数据中心，T3 和 T4 级别的模块混合部署，部分模块采用的是业界较为先进的三母线架构设计，中温和低温冷冻水。其中，T4 模块还采用了双冷源精密空调。Peter 为了实现绿色数据中心的梦想，让 PUE 合理性最高，采用了多项节能技术，也选用了高效节能的设备。

这时候，对讲机有人呼叫 Peter，冷水机组的群控系统调试验证马上就要开始了。

来到安装冷水系统的房间，里面一屋子人。Peter 快速给 Tom 介绍了来自第三方测试验证公司的王工、总包的项目经理，还有冷冻水机组厂家和安装公司的人员。王工是今天测试验证工作的总指挥。按行规，做验证的时候，第三方测试公司的职责是提出测试方案，在甲方认可后负责协调实施。实际测试的时候，测试公司负责给出需要做的操作指令并记录数据，具体操作则由设备供应商或者原厂商派技术人员来执行，这样做的好处，是可以规避操作过程中万一设备出问题时责任不好认定的尴尬。

此前，冷水系统在安装施工阶段，已经对水管进行了分段吹扫和清洗。安装完成后，又整体进行了清洗和打压、保压，符合验收标准后，再对管道补刷了防锈漆和面漆，并按设计要求进行了保温。验收前，管道正式充水，同时通过水处理加药系统按要求投加缓蚀剂、阻垢剂、灭藻剂等药物进行预膜，以防止管道腐蚀生锈。冷却水泵和冷冻水泵也通电进行检查和试运行。试运行期间，要及时对压力表进行检查，根据压差判断系统是否有脏堵，特别是 Y 型过滤器，在系统投入初期，要特别进行关注，及时清理。随后逐个对离心式制冷主机、精密空调、新风机组、排风机组、冷却塔、板式换热器、连续制冷蓄冷罐、电动阀、平衡阀等分别进行加电检查，并做好单机调试记录，以备验收接管时作为原始资料移交给业主存档备案。之前所有的单机调试已经完成了，最后的环节就是今天的群控联调。

所有相关人员均已到场了，王工看了 Peter 一眼，Peter 点头示意可以开始。然后王工就开始给出今天验证的场景指令。

首先验证的是场景一：机房环境温度偏高，冷水主机正常启机。系统先对各辅助设备及制冷主机进行自检，正常后，按顺序开启 1# 冷却水电动阀、冷却水泵、冷却塔风扇、冷冻水电动阀、冷冻水泵，然后开启 1# 冷水主机，机房内精密空调也按一定延时，顺序逐台开启，检查各项运行参数是否在工艺标准范围内。人为调高机房温度检测探头显示温度至设定阈值，2#冷水主机系统也按正常顺序开启；依次对3#、4#冷水主机系统进行测试，一切正常。开局不错，大家都非常兴奋。

马上开始第二个场景：机房环境温度偏低，冷水主机自动停机。运行一段时间后，机房温度逐渐下降到20℃以下，精密空调先依次进入怠机状态，冷水主机电流百分比逐渐下降到30%左右，自动卸载停机，约5分钟后，冷却水泵和冷冻水泵自动停机，冷却塔风扇停止，电动阀也关闭。一切都按预想的进行，"No surprise"，Peter对自己说了一句。同时也为自己当初力主公司花高价钱买的这些一线品牌设备暗暗点赞，产品质量就是过硬，关键时候没有掉链子。

冷水机组检测

下面这个场景是检验 Peter 的绿色数据中心概念的重要环节。

场景三：室外温度低于 10℃，切换到 free cooling 系统。1 套冷水主机长时间低负载运行，测定室外温度低于设定温度，系统切换到 free cooling，已经停止的冷却塔风扇开启，板式换热器前后端阀门打开，换热器开始通水工作，几分钟后冷冻水泵停止工作，电动阀关闭，制冷主机停机。系统平稳切换到 free cooling 系统。逐渐提高室外温度，系统又回切到制冷主机工作模式，一切尽在掌握，顺利得没有朋友。

接下来，还得把蓄冷罐的充放冷逻辑确定下来。首先，由设计师将冷冻水系统蓄冷罐的充放冷逻辑思路给参加联调的人员讲解一遍，并将几个关键的设定值同现场团队作了确认。负责弱电安装的供应商和制冷机厂家代表分别提出了几个优化建议，现场立即进行了变更并将最终的逻辑进行了存档，同时作了备份。

上面几个场景只是模拟了冷水机组相对正常的运行状态，但是验证的另一个重要功能就是要做故障模拟。软件系统要做压力测试，设施也是一样。数据中心机房的测试验证就是要给数据中心出各种难题，挑战其抗风险的能力。现在，模拟故障的第四个场景开始了：运行设备故障，备用设备自动开启。人为模拟现场阀门关闭，导致正在运行的 1# 机组冷却水中断，1# 冷冻机因冷却水中断自动保护停机。系统自动开启备用的 2# 冷却水泵和电动阀给 1# 冷水主机供冷却水，但 1# 主机开不起来，这时 2# 主机及配套的辅助设备逐台开启，2# 制冷主机系统正常运行。依次测试 3# 和 4# 也均能自动开启。

但对 4# 测试完，模拟关停 4# 机组的冷冻水泵后，这时所有制冷主机均停止，尽管冷却水和冷冻水均供应正常，压力正常，但没有一台制冷主机能自动启动。现场先是一阵沉默，大家你看看我，我看看你，接着开始躁动起来，刚才还得意淡定的 Peter 也 hold 不住了，不知道哪里出了差错。

过了好一会儿，王工突然发话了："是不是冷冻机设定的停机保护时间还是出厂设置的 30 分钟，没有修改？"真是一语点醒梦中人。刚才大家都关注设备操作，竟然忘记了设备出厂设定值没有根据实际应用场景进行核对验证。幸亏在模拟调试阶段及时发现了，要是在业务运行时发生此类问题，没能及时处理并恢复冷冻水供应的话，短时间则可能导致高温告警，服务器宕机；如果高温长时间得不到及时消除，则可能触发消防系统启动，一场灾难将无法避免。特别是现在数据中心中高热密度机柜越来越多，单位时间升温比原来快多了。

经历了这一趟折腾，大家的紧张度又提升了。Tom 也深切感受到测试验证的必要性。

3 配电系统验证

后面几天是供配电系统的联调验证。供配电系统可以说是数据中心第一大潜在杀手，大部分的数据中心故障——导致 IT 系统中断的事件，都是由供配电系统引起的。所以，Peter 对供配电系统的验证特别重视。

这次供配电系统的联调分三个大的场景：A 路停电、B 路停电、双路停电。测试团队按事先的分工，各自穿戴好 EHS 装备，各就各位，并带上提前打印好的 check list（工作清单）和对讲机，由总指挥和指挥组按 check list 下达指令，操作组逐项实施。所有的高、低压设备操作均由合格电工严格按双重检查（double check）原则，一人唱票，一人确认并完成实施，同时将操作结果用对讲机及时汇报给指挥组。

场景一：A 路停电。各小组人员就位，穿戴完整，操作组组长向总指挥汇报准备工作完成，等待指令。总指挥下令：A 路断电。2 位高压电工都是具备 20 多年经验的老搭档了，他们技术精湛，分工明确，配合默契。尽管戴着防护眼镜，但透过厚厚的镜片，仍然只需要一个眼神，都能彼此心领神会，分头行动。A 路开关断开，按设定的逻辑，高压母联迅速合上，检查确认末端双路供电正常，无任何告警；手动将高压母联断开，大约几秒钟，低压母联合上，末端仍然是双路供电，无任何告警，验证合格。

供配电系统的联调

场景二：B 路停电。按同样的流程，对 B 路进行停电测试验证也正常。

场景三：双路停电。将 A、B 两路市电都断开，这时发电机启动。先启动 1 台，很快其他发电机顺序开启，十多秒后，并机完成，开关开始依次动作，给负载送电。同时对并机时间和开关动作顺序做好记录，验证控制逻辑是否准确，同时供今后应急故障处理作参考。恢复市电供电：按操作规程进行检查，确认符合送电要求，开始 A、B 路分别送电。开关依次动作，双路供电正常，发电机卸载，约 5 分钟后，各发电机自动停机。人员确认系统各设备运行正常后顺序撤离。

配电系统的综合测试没有出什么大的问题，只是在局部测试的时候，发现了线缆接口螺丝没有拧紧，接触不良，在负载加大的时候产生温升，这是做带负载测试中最常发现的问题，也是需要用假负载进行测试验证的重要原因之一。

4 消防和安防系统验证

　　数据中心两大关键系统——供配电和制冷系统联调顺利完成，Peter心里的两块巨石总算落地了，但联调工作还没有完。紧接着是消防系统和安全监控系统的联调。最先测试的VESDA系统，即极早期烟雾报警系统。顾名思义，这个系统是为了在不可见烟阶段，及早探测到微量烟雾，更快发出报警，一改传统点式探测系统等烟雾飘散到探测器再进行探测的方式，主动对空气进行采样探测，使保护区内的空气样品被设备内部的吸气泵吸入采样管，送到探测器进行分析，如果发现烟雾颗粒，即发出报警。测试人员带着烟雾发生器分别来到事先确定的采样点，覆盖了最远端、天花板、地板下、设备走廊等各种场景，分区进行测试。同时对各控制器的告警阈值进行了再次确认并记录存档。紧接着，测试人员对烟感、温感也分别进行了再次抽检，一切正常。确认各消防系统正常并置于自动状态，有专人负责手动关闭预作用水喷淋系统的主阀并挂上警示牌，正式开始测试消防系统联动。这时，人为对着一个烟感探头吹入烟雾，同时，将温感探头置于一杯高于68℃的热水中，对预作用末端管网手动迅速排出压缩空气。这时，火灾警铃响起，消防广播开始播报火警，要求人员紧急疏散，电梯迫降，消防卷帘门关闭，门禁释放，消防水泵立即启动，预作用系统按预期的程序动作，除了因人为手动关闭喷淋水主阀，一切正常，测试达到预期目的。将所有系统检查并复位到正常状态后，手动开启主阀，并挂牌："阀门常开，不得关闭"。

快到最后一关了，Peter 有些小激动，眼看一年多的设计建设"马拉松长跑"就快到终点了。他与 Tom 对了一个眼色，宣布正式进入安全监控系统的测试。

因为都是即时设定的场景，事先并没有通知任何值班人员，而且是多个场景连续测试，顺便也把现场安保团队的应急反应能力做了一次完整的测试和演练。尽管把有限的几个值班的消防、安保人员折腾得够呛，看着他们一会儿调监控视频，一会儿对讲机确认，一会儿又飞奔到现场检查和复位，还好没有出现大的纰漏，看来前期辛苦的培训和演练都没有白费。

Peter 有些暗自得意。成功总是留给有准备的人，这真是句大大大大的实话啊！今天是个值得纪念的日子，也是众人举杯相庆的日子。辛苦了那么久，付出了那么多个日夜，总算对公司有个交代，可以准备正式移交进入运维阶段了。为什么说是准备呢？因为，从建设移交给运维，就像皇帝嫁女儿一样，仪式是不能怠慢的，丰厚的嫁妆也是一点也不能马虎的。数据中心移交运维也如此，有一大波流程要走，当然，还有少不了的图纸、记录、报告、手册、证明等文件资料。还有钥匙、随机备件、配套工具……想想都让人头大。所以由专人来负责文档的造册、管理是必不可少的。如果交接的时候有一丝马虎，真到了后期运维的时候，就后患无穷。所谓"人无远虑，必有近忧"，很多运维的问题，都是在建设阶段留下的。所以，磨刀不误砍柴工，该慢的时候还是要慢下来。

百度阳泉云计算中心——首个全预制模块化数据中心，100% 整机柜部署；首个高温运行的数据中心，全年 96% 时间利用自然冷源；首个通过设计、运营双 5A 认证

Chapter 2

人员与组织

1 管理目标

　　眼看着测试验证进入尾声，数据中心即将投产，Peter 更着急运维团队的组建问题。之前就有人建议他应该在建设后期就把运维团队组建好，这样就可以利用测试验证的机会让整个团队有机会参与部分操作，毕竟测试阶段本来就没有带真实负载，即使操作错误，也不会有和业务相关的后果，所以这也是运维团队演练的好机会。但领导和财务部门都希望他控制人员成本，分步增加人手而不是一次到位。所以，到了测试验证的后期，到岗的也只有几位关键的人员。

　　下周就该向领导提交他的运维团队的编制计划了。该如何搭建运维团队的组织架构、确定合适的人员配置？对人员应该有什么样的要求？ Peter 还是没有彻底想明白。

　　这天晚饭后，他带着 Tom，约了两位他认为的行业高人：来自某运营商的薛先生和在某著名外企管理数据中心的吴先生一起来到酒吧街，找了个安静的酒吧，几杯啤酒下肚后，哥儿几个话就多了起来。

　　薛先生正在业余攻读哲学博士，所以说话都带哲学味："搞数据中心运维什么最重要？人才啊！" Tom 觉得这句话不太像哲学家说的，倒像葛优说的。但薛先生后面的话就充满哲学思辨："最不可靠的人，却是最重要的！因为人有持续改进的意愿，人可以不断修正手段的不足，人可以完善制度流程的缺陷。总之，人是可以动态地面对整个数据中心的核心！"

"数据中心是动态的，对吧？数据中心虽然放在那里不会跑，可里面的上千套设备，几万个接头，各种电子器件，随时随刻都在发生变化。更何况还有时刻可能中断的外电供应、异常高温的天气、不请自来的雷电、饥饿的小动物、莫名其妙的漏水、悄然起火的易燃物。俗话说人吃五谷杂粮，哪能不生病呀？数据中心也是人建的，哪能不生病？这些设备，不会说、不会讲，病了、痛了，如果没有人平时主动维护，故障时及时修复，最终系统出事是必然的，不出事是偶然的。"

Tom 一边景仰地点着头，一边问道："听说现在国外的数据中心自动化程度很高，是不是以后可以用自动化手段降低或者完全取消对运维人员的要求呢？"

旁边的吴先生笑了一声，说道："Tom，其实国外数据中心里面的运维人员配置也还是不少的。而且所谓的 DCIM，以及动力环境监控这些手段虽然已经很先进，但还是有可能误报和漏报。因此，机房的安全运维依然少不了运维人员的巡检。美国的 Uptime Institute 去年主要针对欧美数据中心的调查统计结论是：大约 50% 的机房风险是由监控系统发现的，还有 50% 是由运维人员在巡检时发现的。如果在这些国家都是这样，就不用说咱们国内了。老外的人员那么贵，但凡能用自动化的人家早用了，对吧？所以说，用自动化运维手段替代人员，恐怕还需要相当长的时间。"

吴先生是新加坡人，在新加坡有着丰富的数据中心管理经验，还给新加坡政府做过 IT 顾问，算是资深人士。虽然在北京已经住了多年，但说起话来，还是带着点新加坡的"胡建"口音。

他转头对 Peter 说道："我认为规划运维团队的时候，最主要的是要考虑两个因素：① SLA，就是你的服务水平承诺；② 成本预算。这两个目标是互相矛盾的，你的 SLA 目标越高，需要的人员配置就越多，相应的成本当然就高；如果预算没有那么多，你就需要控制人员，相应的 SLA 就会降低。所以，你就是要在这两个目标之间找寻平衡。最终就看你们的领导能够接受的平衡点在哪里。"

吴先生继续说道："如果你的服务水平承诺不高，那 5x8 的服务就可以了。但如果你的服务承诺要求到 99.99%，甚至有的单位领导直接要求 100%，那你的团队配置就完全不同了。"

从科学的角度说，任何系统都不可能 100% 没有故障。数据中心即使达到 T4 的建设和运维标准，也不可能做到 100% 不间断运行。但很多领导对故障零容忍的心情，也是可以理解的。毕竟，现在很多企业的业务系统都依赖于信息系统的支撑，如果数据中心出现故障，导致业务系统中断，无论是从经济效益还是社会效益角度来看，负面影响都太大，作为主要的责任领导，也必然要承担责任。所以，负责运维的领导，每天都是如履薄冰。

2 人员配置

Peter 一边挥手让服务员再加几瓶啤酒，一边问道："哥儿几个说得都有道理，那我到底需要配多少人呢？"

薛先生点着一根烟，说道："我们的做法是：① 首先进行设施资产的盘点，先数数你有多少台备用发电机组、多少台冷水机组、多少台 UPS……这些资产就是你们要管理和维护的对象。每个设备每次维护总有一个大约的工时估计吧。把这些工时计算汇总，就知道在维护保养方面共需要的人天。② 运维团队另一项重要工作就是巡检。你的巡检频次如果确定，比如 4 小时一次，或者 6 小时一次，或者一天两次，然后每次巡检需要花的时间大致也知道，那就能计算出巡检需要的时间。③ 再考虑设施运维团队日常培训需要的时间，还有接待或者陪同领导、客户参观讲解的时间。数据中心一般都是领导感觉特别自豪的地方，所以经常要接待上级领导、兄弟单位或者潜在客户，有时候还应准备 PPT 讲解，别小看了这些事务性工作，也是要用掉运维团队不少的时间。对了，还别忘了留够培训时长哦，看您的团队基础了，每个月总得留出 4 ～ 6 个小时的培训时间吧。把这几块时间加在一起，就是运维团队有效工作需要的时间。当然，人不可能到岗之后不停地工作，总要吃个饭打个尖，取个 0.8 ～ 0.7 的有效工作时间系数，把有效工作时间除以这个系数，就大致可以得出总的工作时间了。"

Peter 听了觉得颇有道理，自己还从来没有这么去思考过运维需要的时间，他赶紧叮嘱 Tom 之后好好做个计算统计。

吴先生插嘴道："这种工时算法很有道理，但并非决定人员配置的唯一因素，因为这种算法并没有考虑到值班人员的最低配置因素。"

Tom 觉得这又是他第一次听到的新概念。"什么是值班人员的最低配置因素？"

吴先生说道："最低配置因素决定了你在任何一个时间点对于事件的处理能力。首先，基于行业数据的统计，事件发生并没有特别集中的时间点，就是说 24 小时任何一个时间发生事件的概率其实是一样的。我自己把人员配置定义了三个等级。如果你只有 5x8 的人员值守配置，同时又没有很好的监控远程报警功能，意味着你在上班时间外对于数据中心发生的事件有可能完全不知，这就是 C 级配置；如果你没有 7x24 人员值守，但是有很完善的监控及远程报警功能，那么如果事件发生，至少你会知道，我们也可以定义为"即时报警"，这个定义为 B 级配置。当然，从你得到报警信号，到派人赶到现场进行处置，这个过程一定会有时间的耽搁，就有可能加大事件转化为故障的可能性。如果有 7x24 人员值守，而且这些人员又具备了现场处置问题的能力，那么就可以达到对于事件"即时处置"的能力，这样就是最理想的 A 级配置。考虑到电力、暖通、弱电专业的技术复杂程度，一个技术人员很难做到全才，所以，对于要求 SLA 在 99.99% 以上的数据中心，比较理想的配置是每一个值班组至少同时拥有这三个专业的人。这样当事件发生时，特定专业都有专业人士来制定应急措施。从人数上看，这种配置可以在事件发生时，安排两个人到现场处置，另外一个人留守在监控室。两个人同时到现场处置是从安全角度考虑，这点在电力行业都是这样要求的。而在监控室的人，一方面可以监视是否有其他并发事件发生，另一方面还可以起到与其他相关部门沟通的作用。基于不同等级的事件定义，运维人员有不同的告知义务。比较严重的事件，需要尽快向领导汇报，并及时告知可能受到影响的 IT 部门或者客户。"

Tom 问道："我们以前的机房上班时间是我们自己管理，下班后都委托给大楼物业人员来帮我们监控，这样算哪个级别呢？"

吴先生道："你说的这种情况在中小机房的运维中确实很常见。我们可以这么分析：如果夜间机房有事件发生，你的监控系统报警，大楼物业人员收到报警信息。这时候他需要判定是否要介入事件的处置。一般你们也会事先定义事件的级别及他们相对应的处置权限。如果相对复杂些的事件，一般来说都不会授权给他们处置的。因为如果处置不当，很有可能把事件扩大。好，对于他们不能处置的事件，他们可以做的事情只能是通知你们的技术人员，由你们安排人员到现场处置。而你们安排的人员到场，同样也有时间滞后。所以，这种情况和我们刚才讲的 B 级配置，没有本质区别。"

吴先生喝了口啤酒，继续说道："值守人员配置等级越高，系统的可靠性当然就越高。Uptime Institute 的统计数据表明，配备 7x24 值守的数据中心的故障概率，是没有配置的数据中心的 50%。当然，值守人员配置等级越高，运维人员成本必然越高。那么是否有必要提升这个配置等级，最终取决于业务上的要求。例如，有家单位做了仔细的测算分析，一个小时业务中断的损失可以达到 800 万美元，这样的数据中心，当然就值得提升值守的配置等级。有些业主外包数据中心运维的时候，为了节省成本，一味压低运维人员配置的要求，这样必然导致机房故障概率提升，最终很有可能得不偿失。"

3 组织架构

听了吴先生的话，Peter 掐指一算，自己这机房规模这么大，设备这么多，运行的业务这么重要，值守人员的配置怎么也得按 A 级，每个班组得配 3 ~ 4 个人。

"好，我就安排每组 4 个人，4 组轮班。整个团队的架构应该怎么设置呢？"

薛先生拍了拍 Tom 的肩膀，"你这位兄弟就可以做你的运维经理，帮你整体管着运维的事情。他下面招几个技术好的二线支持人员。这些人平时主要是上白班，负责提供技术支持、编写操作流程、设定运维保养计划，当然，有必要的时候也得值班。然后就是你的一线值守团队。要说起来也不复杂。"

吴先生摇了摇头，对于薛先生这种简明扼要的回答表示不赞同："没那么简单。团队的组织架构，包括每个岗位的职责，必须非常清晰地定义好，而且要确保全员都非常了解。这样做的目的是当遇到问题的时候，大家都非常清楚自己的工作是什么，各司其职，不会手忙脚乱。而且岗位职责定义的时候，要考虑某人不在的时候，谁来顶替他的职责。就像打仗一样，如果一个连长受伤了，那后面谁来接他的领导位置来指挥部队？这事先都要界定好。我就见过一个机房出事的时候，本来所有事情都要请示一位总监的，可是总监恰巧出国无法联系上，大家就都不知道该怎么办了。所以 A－B 角的事先设定，很有必要。"

Peter 听完几轮谈话，已经对于自己将来的运维组织架构胸有成竹了，Tom 也对于自己将要领导一个兵强马壮的运维团队，感到十分兴奋。明天就开始招人，可是招什么样的人合适呢？

4 人员资质要求

　　哲学家薛先生说话了：“数据中心维护团队中有这么几种角色，是不可或缺的，就如唐僧的取经团队，需要目标明确的组织者，他的作用是围绕着数据中心的整体目标，把各种资源进行有机的整合，持续改进维护体系，绝不放弃。”说这话时，他瞟了一眼 Tom，Tom 顿时觉得自己离唐僧的境界还有比较大的差距，后续担子还不轻。

　　薛先生继续发表高论：“除了组织者以外，还必须有对技术的执着追求者。根据海恩法则——每一起严重事故的背后，必然有 29 起轻微事故和 300 起未遂先兆，以及 1000 起事故隐患。面对各种莫名的问题，一定要有一个刨根问底、不找到原因绝不放弃的技术管理专家，因为只有这样才能把隐患消灭于无形。默默无闻的执行者，行百里者半九十，西天取经挑担子的人是多么重要，恐怕只有孙悟空最清楚。如果让他去每天完成千篇一律的日常工作，恐怕激情早已磨灭，半路就要回家了。”

　　Peter 说：“我准备从国企挖来的那几位电工师傅倒真的很符合这种标准，有点啥事非要刨根问底，特别认真。老一代革命同志确实不一样。现在年轻人能够沉下心来做工作的不多啊。”

　　薛先生还没说完：“这几种人你必须得放对位置了，如果让技术狂人总体负责，那么犀利的语言、对技术的不懈追求，往往让整个团队内耗不停，累呀！

如果让一位只顾低头拉车的老好人全面负责，大家每天都高高兴兴，因为看得见的工作他已经都干了，看不见的工作无人理会。根据墨菲定律，只要有隐患没有解决，那么一定会出事的，只是早晚的问题。"

Peter 对薛先生笑道："你这一晚上给我们说了几个定律了？好了，赶紧给我点实用的。我招一线值守人员需要他们有点啥资质吧？"

薛先生被从哲学境界拉回来，感觉意犹未尽。他又点了根烟，说："如果从技术能力上谈，那就是最基本的三证：电工证、暖通证、高压操作证。没有这几项证，是不能上岗的。但话说回来，现在有些认证机构给证是很任性的，所以有证的人是否真正具备了相应的能力，还需要实际评估，这个你懂得。"

Tom 问道："这些人需不需要分专业呢？能否让他们做到一专多能呢？我以前就是既管 IT，又管 UPS 和空调。"

吴先生笑道："你这个一专多能，就看你专到什么程度。你们原来的机房小，UPS 无非几台小功率的，超不过 200kVA，对吧？空调也是很简单的风冷空调。整个机房系统都比较简单。而且你们也不承担真正意义上的运维保养，有什么事就把 UPS、空调的供应商叫来，对吧？"

Tom 点了点头，在他原来管理 300 平方米机房时，给他们供 UPS、空调的代理商进他们机房，就跟进自己家一样，熟门熟路，通行无阻。实际上这些人都已经成了他的外围运维资源。他是不给他们费用的，但是作为回报，Tom 也会照顾他们的生意。买硬件送服务的习惯，导致大家都没有采购服务的概念，都把这部分成本摊到设备采购的隐形费用中。

中国人以前的习惯是搬家找朋友帮忙；装台电脑，找周围朋友帮忙；做个机房规划，找周围懂行的人帮忙；做个设计，也找周围懂行的人帮忙。作为回报，当然会请人吃饭。但其实这些被拉去帮忙的人的心里话是：给我折现了吧！

这些年随着专业服务商的出现，这种习惯有所转变，尤其在大城市，大家的时间成本都很高，对于专业服务能力的价值也都比较认可。但在很多二三线城市，专业服务依然还没有被充分认可。

吴先生继续说道："对于大型数据中心，尤其你们这么大规模的数据中心，在电力上已经配备了 10kVA 中高压设备，这方面的操作就牵涉非常严肃的电力设备的专业知识了。如果专业知识不够，轻则导致系统中断，重则可能导致人员安全问题。你看人家电力行业，对这方面就有非常严谨的要求。所以，我的建议是你们应该按专业配备人员。尤其刚才你们讲了，你们希望值守的级别是 A 级，就是一旦有问题当时就能处置，那么现场人员如果不具备一定的技能和经验，怎么能做出处置方案呢？即使事先设定了很多运行时的应急预案，也需要专业人士来判定哪种预案更合适。更何况有些事件表现出来的状态未必100% 是按照你们的预案描写的。所以，需要按专业技能分工，要求他们达到一定的技能。二线人员就更需要按专业了，他们必须成为自己专业的专家。"

看看表，时间已晚，虽然都是好兄弟，但 Peter 也不好意思再占用两位专家的时间。连连对两位专家拱手，感谢兄弟们的宝贵时间。而且感觉多和行业里的同行交流很有必要，尤其在人员配置这种让老板花钱的事情上，光靠自己说不行，必须和老板聊别人家的"最佳实践"。别让老板光看到"别人家的机房"好，看不到别人家的投入。

宝德（深圳 观澜）云计算数据中心——中国领先的中立数据中心及云服务提供商

Chapter 3

网络运维

1 网络设计

如果把数据中心设施想象成一个黑盒子，这个盒子有两根与外界连接的重要线：一根是负责输送电力的电力线，另一根是负责通信的网络线。如果比较这两根线的重要性，那么网络线似乎更加重要。因为电力线如果中断了，还可以靠设施自带的发电机来弥补动力供给；而网络线如果中断，数据中心就成了名副其实的信息孤岛。之前发生过某宝的数据中心被挖掘机铲断了网络线，就导致了影响业务运行的重大故障。

Peter 深知网络对于数据中心的利害关系。所以，他手下还有一位毕业于某邮电学院的强将 Jack。Jack 和 Tom：一个管网络，一个管设施，是 Peter 的左膀右臂。

设计网络系统时，Peter 组织了一群网络技术专家，邀请了多家国内外知名厂商一起参与设计，加上 Jack 手下的网络运维骨干，经过多轮讨论，大到网络架构、设备选型，小到路由协议、端口配比都进行了详细的论证。

"传统网络架构稳定成熟，"Jack 说道，"个人认为应该切合业务构建大二层网络，至于是 VPC 还是 VXLAN，技术问题都不大"。网络设备厂家的技术人员也提出了很多见解和建议，会议室热闹非凡，大家都表达了各自的意见，并最终达成了共识。

"非常感谢大家，经过讨论，出口路由器双平面 + 核心接入交换机大二层组网是最适合咱们数据中心的核心网络架构，既能保证出口的冗余安全，又能保证业务层对大二层组网的需求；出口路由器还是用 400GB 平台的高端产品，核心交换机采用堆叠方式与接入交换机 VXLAN 大二层组网。"Peter 在设计初审会上敲定了网络设计方案。

　　这高大上的数据中心将有两个核心网络机房，并且两个核心网络机房物理隔离、供电冗余配备，核心网络设备自然平均安装到了这两个机房里，保证即使一个机房发生火灾、断电等情况也不会阻断互联网络出口。如果有了冗余的网络路由，就不会轻易地被挖掘机的一铲子把业务都中断了。

2 网络割接

接下来便是新网络系统割接入网的重要环节了，割接入网小组迅速成立，Peter 责无旁贷地担任总指挥，入网方案之前已经过多次审核，直到细节无一点疏漏，设备已提前加电、拷机、刷系统、打补丁，确保稳定运行，包括入网环境也在入网当天认真检查，确保凌晨的入网万无一失。晚上 11 点，数据中心核心机房里灯火通明，Peter 身边已围了一圈人，有今晚负责割接入网小组组长 Jack，还有运维骨干工程师 Tim，若干经验丰富的设备厂家工程师和施工人员。Jack 发令道："请最后检查各自负责的部分，如无问题新网络系统将于凌晨准时入网"。随即大家各司其职，检查设备运行情况、传输链路情况、网络设备配置调试情况、入网环境情况等，30 分钟后回报一切正常可以按计划入网。随着时间逼近，大家心里都不免有点激动和紧张。

凌晨到了，大家精神抖擞，第一步先进行最重要的出口路由器入网工作，随着链路的放通，BGP 协议邻居已建立正常。

"收全球路由"，

"全球路由已收，路由表显示正常"，

"开始第二平面出口路由器入网"，

"第二台路由器入网完成"。

"开始路由切换测试、开始单一平面路由器承载测试"，随后经过多次检查测试，确定出口路由器已顺利入网，大家都很高兴，紧张的心情已稍微缓和下来。

第二步开始核心接入交换机入网，设备、链路都确认没问题后，进行大二层组网，并在大二层的基础上叠加了 OSPF 动态路由组网以满足三层网络用户动态负载分担等需求，最终顺利完成组网。

第三步终于可以开始加载业务了，两名工程师登录设备进行业务开通配置，随着第一批几位大客户业务的开通上线，紧张的工作气氛也缓解了下来，此时割接入网大部分工作已搞定。

"大家再接再厉，按入网方案的要求完成最后的业务测试"，此时 Peter 提醒了大家还有最后一步未完成，大家经过测试紧张的开通，认真调试测验，最终顺利完成了今晚的入网工作。"感谢大家今晚的辛苦付出，我正式宣布咱们数据中心网络已于凌晨 6 点正式完成开通入网，随后请入网人员尽快休息，监控人员立即接续监控工作"，Peter 看着手表，兴奋地宣布。

与此同时，一应俱全的网络安全系统、网络监控管理系统、网络流量分析系统、网络配套设施也迅速完成了部署。

3 网络运维

随着网络建设接近尾声，业务系统的上线试运行，与运维部门的交接工作也提上了日程。Jack从头参与了网络设计和测试，相当于建设部门和运维部门都是他负责，因此，整个交接过程非常平滑。Jack组织网络专业运维小组进行审核验收。"按照网络SOP验收标准，路由器、交换机的线缆标签未按标准机打张贴，设计图纸未全部移交，设备配置未按规范配置……"，在验收会上，维护部网络专业提出了不少问题，建设部门详细记录后，立即开始验收整改，不过几日便将问题一一修正后，正式交到了运维的手上。

网络建设这一关顺利过了，但接下来Jack要面临网络运维的一系列难题。

难题一：太多手工操作费时费力，还容易出错。

数据中心网络运维人员最怕的就是做网络变更，因为涉及太多命令操作，而弄不好就容易出错。如果网络运维可以有自动部署的方式，那么可以大大减少运维人员的工作时间，也不容易出错，作为数据中心网络运维人员，没必要对这些网络底层命令有过多了解，只要通过网络变更满足业务需求即可。实际上，这类难题在运维工作中是最为突出的，很多网络设备命令晦涩，让人难以理解，运维的人根本没有时间和能力去读每篇RFC文档，需要的是简单明了的解决方案。虽然现在已部署了SDN，但只限于分析研究，未来能发展到何种程度，是否可以减轻运维人员对手工操作的依赖还是未知数，为今之计只有想办法多加人手了。

难题二：网络变更很困难，跟不上需求。

数据中心用户业务的需求是多种多样的，尤其是业务部门，为了业绩，很多不合理的需求也接纳，到了实施的时候才发现困难重重。很多业务部门对数据中心网络并没有清晰的了解，也不知道现有的网络能够提供什么，这就导致两面的脱节，最终导致很多需求根本无法通过网络变更来实现，或者网络变更会影响现有业务，付出很大的代价。所幸在网络设计阶段，业务部门已深入参与，现有网络不仅支持大二层，还支持跨设备的流量负载均衡及动态接入，但仍有一些特殊需求无法用简单变更满足，如 MPLS VPN、L2VPN、GRE 隧道等。

难题三：业务部署方案没有系统集成商协助。

每次遇到规模大、需求特殊的用户业务或自有系统业务接入部署，其实都是一次新的组网，不仅需要深入了解用户业务需求，还需要根据需求制订相应的接入方案、风险预估，确定方案可行后才可以进行接入变更。维护人员日常巡检开通处理故障等工作量已经不小了，再去深入了解业务需求确定接入方案，无论是从时间还是经验来说都是一种挑战，如果此时能有个系统集成商该多好。此时 Jack 已经在盘算如何向上面汇报此问题了。

难题四：忙于日常维护，难于抽身分析优化。

数据中心网络运维人员也是每天都忙于巡检、开通、记录资料表单、处理各种各样的网络问题，尤其是已经影响到业务运行的问题，这样根本没有精力去针对现有网络结构、数据流进行分析优化，更别说下一代先进的网络技术了，这样缺乏不断更新进步的数据中心网络迟早会被淘汰。看来分派几个资深网络工程师成立专职的网络研究小组势在必行。

难题五：网络设备类型多，工具太多，协议更多，全掌握难度大。

数据中心网络涵盖了传输设备、数据网络设备、光缆线路、网络配套系统等不同类别的设备，同一类别不同厂家的设备命令风格和含义均不同，就算是一个厂商、不同型号的设备也会有不同。这给网络运维带来了极大的困难，运维人员不得不掌握数据中心所有设备的基本操作手册，要花大量的时间去熟悉这些设备。一般的网络设备命令都有数千条，以太网 RFC 协议有 8000 多篇，根据网络的五大层有多种多样的协议定义。正是网络协议的多样性，才要设计很多辅助工具去掌握它，在进行网络分析时也要借助很多工具。例如，XPING、Tracert、抓包工具、IP 掩码换算。以上这些只是了解基本 RFC 协议，都需要足够的培训时间，要完全掌握基本不可能。看来一定要区分网络维护工程师的侧重点，加强专业化培训。

难题六：网管自动化程度不高。

目前数据中心的网管主要是对运行的网络设备进行监控，实际上主要是将设备上的日志告警提取出来，然后给出一些告警提示，还有就是通过网管可以获取一些设备信息。实际上，网管对运维工作支持不是很大。真正的智能网管应该代替运维人员的部分工作，如下发配置变更、业务故障自动切换网络、网络自检等，通过网管实现对网络真正的智能化管理，减少运维人员的工作量，要实现这些还需要网管技术进一步提升。

显而易见，数据中心网络运维面临不少难题，是数据中心的短板。哪个数据中心能解决好网络运维的问题，就能在这个圈内混得好，Peter 当然也深知这个道理。做好网络运维的过程也就是解决以上问题的过程，随后开展的网络运维工作里，他着重针对上面几个问题加强解决力度。数据中心网络维护工作在 Jack 的带领下有条不紊地开展着。

4 网络安全

俗话说得好，"常在河边走，怎能不湿鞋"，网络攻击并没有放过 Peter。一日异常流量系统发出重大告警，值班电话接连响起，连续几家用户反映业务访问不稳定、丢包严重。值班人员紧急上报，随即启动重大故障应急预案，Jack 和几名网络资深技术专家、运维骨干迅速到位。

"A 平面出口路由器上联链路下行方向已占满 300GB，凡是经过这个平面的用户业务肯定会影响质量，发生丢包情况"，Jack 首先发现了问题突破口。资深技术专家 Tim 立马提示道："检查流量系统的此流量的成分，是否是异常流量，尽快确定攻击目标地址，有可能是大规模流量攻击。""已查明系统报告其中有 200GB 属于异常流量，目标地址已确定是 M 用户的 2 个地址，攻击流量很大"，一名网络骨干回报。

此时大家都惊呆了，因为出口带宽被攻击流量打满还是很少见的情况，流量如此之高对于单个数据中心来说也是鲜有的，由于流量清洗系统在出口路由器之下，就算可以经过，流量清洗系统也只具备 120GB 的清洗能力，这个流量到达清洗系统还没处理系统就崩溃了。

如果让攻击流量如此肆虐，紧接着便会有 N 个用户投诉，故障超时的话会涉及赔付，给公司带来更大的负面影响。故障发生已历时半个小时，距离合同 SLA 上承诺时间已不到 20 分钟，联系上游网络管理部门处理已来不及了。

"迅速确认现在的正常业务流量为多少"，Jack 在大家都沉思时发话了，大家都看向了他，充满疑问。"正常业务流量现在 203GB"，一名网维工程师报告。Jack 随后解释道："我有个建议，大家看是否可行，现在或许只有这个办法了——利用 BGP 协议的策略属性把异常攻击流量切到 B 平面，把 B 平面的正常业务流量切到 A 平面，保证正常流量在 A 平面的安全"。"不失为补救的好办法"，Peter 表示赞同，其他人也一致同意。前期网络设计时出口路由器为双平面负载，为的就是防止一平面出现故障这种极端情况的发生，没想到这次竟然用到了规避网络攻击故障上。几名骨干工程师迅速分工合作，互相检查，很快将正常业务流量切到了 A 平面，将异常攻击流量切换到了 B 平面。

"报告，流量已切换完毕，现在 A 平面的正常业务流量 202GB，B 平面的异常业务流量已达到 300GB，上联链路下行方向已满。"网络骨干工程师 Tim 报告切换成功。

"已回访申告用户，除了 M 用户受攻击地址外，剩余已暂时恢复。"一名工程师报告。

大家终于松了一口气，故障历时 40 分钟，未超时，故障算暂时控制住了，但是还不算最终处理结束。网络攻击处理办法一方面要疏导，更重要的是要从上层网络开始查找封堵直至找到攻击源头进行整治，随即一名网络工程师已紧急联系上游网络管理部门开始协助排查处理。

终于在 4 小时后，攻击源和攻击路径得到封堵处理，此次网络攻击彻底得以解决，数据中心网络工程师确认已无风险后将流量进行了切换复原。故障处理完毕，第二天一份完整的故障报告出现在了 Peter 的办公桌上。

　　Tom 对于网络技术没有太深的了解，各网络协议、指令在他看来都像天书。Jack 看着配电设施的高压警告，以及发出巨大噪声的冷水机组，也感觉非常恐怖。俩人都感觉隔行如隔山，不过他们都很庆幸有彼此这样靠谱的小伙伴支撑对方，毕竟要搞好数据中心的运行，设施和网络专业缺一不可。

国富瑞北京 3# 数据中心，成功入围第一批绿色数据中心试点单位

Chapter 4

培训与演练

1 岗位技能培训

数据中心上线一段时间了，Tom 的运维团队也逐渐组建完成。要说把这些人招聘齐也费了九牛二虎之力。市场上真正有数据中心运维经验的人员并不多，而现在新建成投产的数据中心又很多，需求远大于供给。因此，Tom 也只能在关键岗位上确保人员有机房的运维经验，其余岗位也只能从其他干过物业管理工作的人员中招聘。

看着这支能力参差不齐的团队，Tom 颇有些担心，毕竟他之前也没有带过这么大的团队，责任又这么重大，一时感觉有点手足无措。这天，Tom 向 Peter 汇报工作时，谈到自己对团队和人员的担心。Peter 敏锐地意识到潜在的问题，当即支招：通过系统性的培训和演练，发现不足，持续改进，不断提高员工职业素质和岗位技能，提高独立分析与解决问题的能力。

Tom 受命而去，挖空心思琢磨了好几天，又虚心向同行请教，精心炮制出一套培训和演练方案，立即把培训计划向 Peter 做了汇报。

Tom 提交的培训计划中，不仅包含新员工的培训计划、运维人员的年度培训计划、设备厂商对于运维人员的技能培训及行业内经验交流，还包含每一次培训工作的参与人员、培训材料，以及人员考核要求和考核记录。

以新员工为例，除了人力资源部组织的入职培训外，针对新员工进行上岗培训：安排专人辅导和带领新员工对其开展岗位技能、岗位技术、实际操作等必备的专业知识能力的培训，经考试合格后方可上岗操作，以此作为试用期员工转正的考核内容。

其他所有员工也都要进行岗位规范培训，包括服务请求、事件、问题、变更的流程培训，工具使用培训，设备维护专业培训，安全管理培训及运维管理体系流程培训。

不同岗位人员要定期针对各个专业的专业技术和知识进行培训。

Peter 看完洋洋洒洒的培训计划，暗自点头，心想自己找来的这个 Tom 还真不错，虽然没有大型数据中心的运维经验，但是脑子灵，爱钻研肯干，磨炼几年肯定是把好手。不过，Peter 没有让刚上任不久的 Tom 察觉出他的满意，而是板着脸问道"人均培训时间是多长？师资怎么解决？"

"年度人均培训时间计划 72 小时，新员工培训、流程培训、工具使用培训、设备培训会在这一两个月的周末或者工作时间段见缝插针、集中安排；外部专家技术交流和参加外部认证培训会让参加培训的员工根据实际情况自行申请安排。"

"师资的话，除了调动内部资源，以老带新，还会邀请变压器、柴发、空调、UPS、配电柜、水冷机组等设备厂商的技术专家开展如下培训：设备介绍、架构设计、操作流程和方法、日常维护操作、应急预案及操作流程。"

虽然觉得 Tom 的培训计划做得很周密，Peter 还是提醒道"怎么考核培训效果呢？"

"我想先把手底下这拨人按照工作岗位职能定岗定责。

- 运维值班员：主要工作内容涉及按照操作规范、操作流程、工作计划的要求对场地基础设施、设备进行巡检、故障或隐患的记录、报告和处置。
- 运维值班长：主要工作内容涉及带领运维值班团队，执行运维工作计划，报告和处理突发故障、突发事件，值班长对于其值班期间系统的高效稳定运行负主要责任。
- 技术工程师：主要工作内容涉及场地基础设施维护、检修，编写与审定各种运行手册、操作流程、工作计划及方案。

每个岗位的职能不同，要求的技能不同，相应的培训设计也不同。对于开展的各项培训活动，培训后要通过笔试和口试等考察学习情况，并结合工作岗位需要，安排实际操作环节。当培训后仍未能达到岗位工作要求时，可再次对其培训。多次培训不达标者，可降级或辞退处理。"

"OK，那就尽快落实执行吧"，Peter 拍了板，并且补充了一条意见："以后对于运维团队除了原有基本的高压本、电工本、制冷维修证的要求外，还要争取让大家都拿到数据中心运维的相关行业认证。"

Tom 应声去执行，各种烧脑培训和考试随即陆续展开，虽然大家叫苦连天，但确实让整个团队的功力有了明显提高。理论知识的学习虽然在短期看来没有什么直接用途，但可以让运维人员做到知其然，也知其所以然，这样在数据中心出现状况的时候，可以找到问题的症结，并采取相应的行动。

不过理论培训再好，毕竟是纸上谈兵。就像要培训好战士，就必须有实战演习。要确保运维团队能够在出现状况时不会慌乱，最终还得靠应急演练。

2 演练方案

Tom 召集自己的核心技术骨干，同设备供应商的工程师们，制定了一个周密的"真枪实战"的应急演练。演练目标如下：

（1）验证应急操作方案的适用性和有效性，不断优化和完善技术应急预案。

（2）检验运维团队选择正确的应急预案并实施的能力，以便持续改进。

（3）锻练团队相互配合的能力以及面对紧急情况的心理承受力。

演练的内容如下：

分　类	场　　景	演练目的
基础设施	市电故障停电、ATS 故障、应急演练	模拟市电停电，检验值班人员应急处理能力及检验配电系统的应急逻辑等
	UPS 故障应急演练	检验值班人员应急处理能力及检验 UPS 系统冗余备份能力等
	油机故障演练	检验值班人员应急处理能力及检验油机系统冗余备份及带载能力等
	供应系统	检验供应商送油的及时性，确保油机供应使用

续表

分　类	场　景	演练目的
基础设施	中央空调、电动阀、水泵、水塔、BA系统故障	检验值班人员应急处理能力及检验水系统冗余备份能力等
	精密空调故障	模拟空调某系统故障导致机房出现高温，检验值班人员应急处理能力及检验空调系统冗余备份能力等
消防	消防演练	模拟机房发生火灾，检验值班人员消防应急组织、应急应对火灾的能力；提高员工灭火、疏散自救能力和管理火场组织、协调指挥能力等；火情发生后消防联动切断电源快速恢复能力

Peter 看完 Tom 做的演练计划，也非常重视，毕竟这是第一次综合检验运维团队能力的良好机会。他说"到时候我会邀请领导来现场观摩，可不能掉链子啊。演练前一是要安排培训，包括产品介绍、应急预案步骤分析、场地操作勘察，让相关人员通过培训在演练前掌握应急操作的基础知识，了解事件的处理和响应流程，了解事件发生时自己的岗位职责和要求；二是要多次进行桌面推演，充分准备演练方案、保障演练资源，贴近实际故障情况设计演练场景；三是要在演练中，通过集中监控中心对各个演练现场统一监测、指挥和调度，保障演练安全有序。同时，现场演练观察员要认真观察演练执行情况、实时记录演练问题。演练结束后，演练人员将集中讨论分析演练效果，优化应急预案。"

Tom 拍着胸脯说："领导放心，我会认真贯彻落实每个细节，保证不出岔子。"

3 真刀真枪的实战

经过两周的认真准备，周六上午 10 点，应急演练将拉开帷幕。这次演练选择在刚投产不久的二期数据中心模块进行，这样既锻炼队伍，也对设施本身进行一次问题的排查。

既兴奋又紧张的 Tom 早上 8 点赶到数据中心一看，不但其他同事都到齐了，连 Peter 也已经一脸严肃地坐在监控室——此次应急演练的总指挥中心，正在看实时监控的镜头画面。Tom 抓紧时间和演练小组又过了一遍演练流程。按照计划，工程师小王带领厂商先到各个区域进行检查，确保设施设备的安全运行，然后在相关区域待命，以应对突如其来的故障。毕竟，万一在演练过程中弄假成真，就需要具有真正的应急处理能力。

9 点半，前来参观的领导和其他用户部门的同事陆续来到现场。办好手续进入机房，Peter 首先为他们讲解了这个数据中心模块的基础设施配置和这次演练的流程；接着介绍了监控中心新增的对冷水主机温度压力检测的报警器。这个系统对于冷水主机停电和温度异常、水泵停机都会发出报警；同时，动环监控的厂家也参与到本次演练过程中，主要是解决现场发现的问题以便进行动环系统优化。听了介绍，领导们一脸期待地等着演练开始。此时，监控画面实时显示前台大厅、设施通道、发动机控制室、发电机机房、配电室、制冷机房、低压配电房的动态，一切尽在掌握之中。

整个演练的分工如下：由 Peter 基于演练的方案扮演蓝军角色，发起事件模拟的指令，Tom 的团队负责进行应急应对方案制定和操作。

离 10 点还差 2 分钟，所有人员就位，Tom 做最后的战前检查："市电停电切换油机带载演练即将开始，各岗位报告人员状态。"

只听各个负责人井然有序地回复：

"报告指挥中心，低压配电人员已到位，报告完毕。

报告指挥中心，UPS 人员已到位，报告完毕。

报告指挥中心，发电机人员已到位，报告完毕。

报告指挥中心，精密空调人员已到位，报告完毕。

报告指挥中心，冷水机组人员已到位，报告完毕。

报告指挥中心，冷却塔人员已到位，报告完毕。

报告指挥中心，动环人员已到位，报告完毕。"

1# 变压器停电

10 点整，Peter 在指挥中心下达 1# 变压器停电指令，1# 变压器输出分闸，空调系统及楼层精密空调全部断电停止运行，动环监控系统马上弹出一系列报警信息，语音报警声响彻整个大厅，油机一检测到停电信号，3 台发电机马上启动，待 3 台发电机并机成功电压稳定后传输到 ATS，ATS 自动切换为油机供电，楼层精密空调供电恢复自启，但 1# 离心机电柜主断路器出现跳闸、1# 冷冻水泵变频器出现故障告警。这一上来就出了点小状况，Tom还是非常冷静，为快速恢复机房制冷，先下令启动备用冷水系统保障机房运行。然后带领演练小组进行了问题分析：

（1）1# 离心机断路器跳闸，是由于 ATS 切换时间非常短，离心机在运转过程接触器还来不及完全释放供电，冷机、电机供电经历通—断—通阶段，冷凝器与蒸发器存在压力差，即冷凝器处在高压状态，这时离心机在排气口高压状态下启动电流超出断路器整定值，造成断路器跳闸保护。

处理方法：待蒸发器与冷凝器压力平衡后，重新闭合断路器。

总结经验：在演练时空调系统负载 ATS 切换前，先关闭空调系统，再切换供电。

（2）冷冻泵变频器故障是由于 ATS 切换时变频器供电出现闪断，变频器供电经历通—断—通阶段。造成直流回路储能电容的充电电流过大，变频器保护故障告警。

处理方法：关闭变频器供电电源，等变频器储能电容放电完毕后，恢复变频器供电。

经过快速处理，空调系统恢复正常运行，Tom 仔细查看 BA 监控上的数据，生怕有一丝遗漏。之后又按计划模拟了 BA 系统故障，采用全手动控制空调系统，检验设备本地、远程开关切换状态，考核运维人员手动操作各开关熟悉程度、先后次序、应急能力等。

2# 变压器停电

10 点 20 分，Peter 在指挥中心下达 2# 变压器停电命令，2# 变压器与 4# 变压器等级为 2N 系统互备，在二楼设有 2# 变压器与 4# 变压器相互切换的母联柜。断开 2# 变压器输出开关，在正常情况下，停电后 2# 变压器馈电柜在动环监控上应该显示为红色，但是，负责动环监控的小李却发现，2# 变压器馈电柜却一直显示绿色状态，小李犯起了嘀咕，难道是数据太多，动环串口服务器运作不过来，存在停滞现象？可是后面发现别的数据都恢复正常了，就这个馈电柜还没恢复，这肯定有问题，于是小李马上把问题反馈给 Tom 和指挥中心。

在一旁待命的厂商马上对 2# 变压器馈电柜进行检查，很快发现原来是检测点关联有误，为三相不平衡电流测点，后关联改为电压测点，2# 变压器馈电柜显示恢复正常。

3# 变压器停电

10 点 30 分左右，Peter 下达断开 3# 变压器输出开关（3 楼 IT 负载和 4 楼 IT 负载）命令，此时 ATS 检测到市电失压，1 秒切换至发电机供电（因此前断开 1# 变压器总开关时发电机已合闸将电送至 ATS，此时转换只需 1 秒）。由于 3 楼 IT 负载和 4 楼 IT 负载的主路均由 3# 变压器供电，转换过程中 UPS 前端会有 1 秒的失电状态，此时会由电池供电，IT 负载供电不受影响。ATS 转换完成后由发电机供电。小李在动环监控界面上发现 3 楼 U323 电柜计量仪无法通信，小李和 Tom 检查后发现计量仪没有显示，初步判断可能瞬间过电流，导致计量仪保险熔断或计量仪烧毁，此问题由电柜厂家后续处理。

4# 变压器停电

2# 变压器与 4# 变压器等级为 2N 系统互备，2# 变压器停电后负载全部转为 4# 变压器供电，二楼区域 A、B 两路电源瞬间停电，这将考验二楼 UPS 蓄电池供电带载能力。

10 点 40 分左右，指挥中心下达 4# 变压器停电命令，ATS 正常切换，IT 负载转由发电机供电，切换完成后 UPS 现场负责人对电池放电电流、电压等运行参数进行了一系列检查，未发现异常现象，一切进展顺利，但大家依然紧绷着一根弦，不敢有丝毫的放松。

油机

11 点 50 分左右，机房用电负荷已由发动机带载近两小时，演练小组对发动机进风量、排风量、冷却水温度、油压、油箱储油量等进行了检查，小张用热成像仪检查发现 1# 发电机风机皮带发热，传动轮温度达到 130℃，相对其他机组温度 68℃ 高出近一倍，指挥中心决定手动关闭 1# 发电机指令。考核在缺少一台油机供电时的应急处理（三缺一），为减轻发电机负荷，采取提高冷冻水温度、降低精密空调风速等措施，在可控范围内适当提高机房温度，从而减轻发电机运行负荷。通过 40 分钟的油机带载运行考验，带载油机运行各项指标正常，能够满足现时负荷需求。

发电机带载运行演练

12点30分，油机已带载运行两个多小时，各子系统检查并反馈指挥中心设备运行正常。

市电恢复

12点32分左右，指挥中心Peter依次发出恢复4#、3#、2#变压器供电指令，ATS正常切换为市电供电，UPS运行正常，楼层IT负载供电不受影响。

　　在 1# 变压器恢复市电供电前，为减少对 1# 冷水主机的冲击（由于发电机切换到市电的时间很短，容易造成冲击，从而造成断路器开关跳闸保护，目前发现造成影响的有冷冻水泵及冷水主机），Tom 选择在 BA 系统上手动关闭 1# 冷水主机。待 1# 主机停止运行后，指挥中心下达恢复 1# 变压器供电指令，ATS 正常切换为市电供电，BA 系统上重新开启冷水机组。

冷水机组巡查演练

12点45分，所有系统恢复正常运行，Peter在指挥中心宣布模拟市电停电油机带载演练圆满结束，然后做了一个 OK 的手势，见状 Tom 放松了紧绷一上午的身体，心想：虽然有些小插曲，好在准备充分，总体还算顺利。

午饭后，按照演练计划，又开始了消防联动测试的准备工作，目的在于检测火灾自动报警系统和消防联动功能。

13点50分，消防联动测试开始，一是检测火灾自动报警系统（分为烟感测试和温感测试），二是检测消防联动功能。Peter选择在四楼机房做消防测试，首先进行烟感测试，在机房内选一个烟感探测器，对其进行吹烟，直到烟感信号灯由闪烁变为常亮，停止吹烟。楼层气体灭火控制主机接收到烟感动作信号后，发出报警指令，楼层报警响铃及报警信号灯动作，发出声响，同时1楼监控中心消防主机接收到报警信号，发出声响，消防图文显示器弹出报警位置。

接下来进行温感测试，就近选取一个温感探测器，对温感探头进行加热，直到温感信号灯由闪烁变为常亮，停止加热，楼层气体灭火控制主机接收到温感动作信号后，气体灭火启动倒计时30秒（消防联动动作必须满足有烟感和温感两个动作信号），同时1楼监控中心消防主机接收到报警信号，消防图文显示器弹出报警位置，30秒后，消防电气联动动作启动，自动切断楼层内走道照明电源及机房内部分照明（部分照明由机房 UPS 直接供电），自动切断楼层精密空调和UPS前端输入电源，楼层 UPS 转由电池供电，电池处于放电工作状态，IT 负载供电运行正常，楼层精密空调停止运行。与此同时，消防排烟风机、应急照明自动启动。接下来，Peter 又出了几道题，让演练小组模拟了多种故障：

（1）当消防联动动作后，因消防主机故障，消防无法复位，导致楼层消防联动切断的电源也无法恢复的演练。

（2）当机房发生火灾时，检验值班人员消防应急组织、应急对应火灾的能力。

（3）当发生火情时，检验运维人员疏散自救、火场组织、协调指挥能力等。

临近下班，全部演练结束，基本按照预期的目标顺利完成。Peter 紧皱的眉头终于舒展开来。通过这次实战演练，不仅有效检验了机房供配电系统、消防系统、动力环境监测系统等基础设施的运行状况，同时也锻炼了队伍的应急响应速度，提高了突发事件下的应急处置操作程序熟练度，提升了整体应急响应与处置能力，也证明 Tom 的团队已经初步通过考验。

最后，Peter 带着 Tom 和演练小组送别前来参观的领导和相关部门的同事，领导拍拍 Tom 的肩膀，看着 Peter 说："这次演练效果总体不错啊。不过，看得出来，你们事先出好了题目，也做了很多事先应对的准备。这就意味着你们给自己留了比较充分的应对时间。下一个更大的挑战，是在没有事先准备的时候，看看你们的应急应对效果会是怎样的。大部分事件都发生在我们没有充分准备的时候，如果没有事先全体的准备，在很短的处理时间内、很大的现场压力下，我们的值守团队还能应对自如，那才是最高境界。"

华为 东莞数据中心

Chapter 5

运维安全

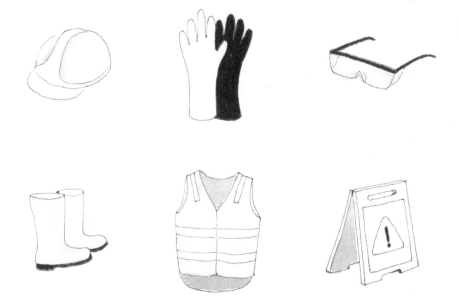

1 安全事件

每天上班，看着自己亲手打造、日趋完善的数据中心，Peter 好像回到那些意气风发的年轻岁月，整个人都焕发着光彩。这样的 Peter 使得他身边的 Tom 等人也受到了感染，干劲十足。

这天上午，分配完当天的工作后，Peter 和 Tom 一边讨论着后期的工作安排，一边来到了机房内。就在这时，一声突兀的爆炸声从机房空调间里传了出来。Tom 下意识地发足狂奔，那一刻，他唯一的希望就是千万不要有人受伤。也许是 Tom 的祈祷起了作用，现场人员安然无恙。事件发生在一个未带 IT 负载的模块，运维人员做相序测试，但因检查不到位，对危险性没有相应认识，发生了相间短路。所幸，在配电箱爆炸的那一瞬间，正好没人在配电柜面前，躲开了强烈的闪弧火球。遭遇惊魂一刻的现场人员被吓坏了，极力镇静，还是不由自主地牙颤唇抖，只能断断续续地叙述事故经过。

Peter 听着现场人员的汇报，虽然表面上一脸的镇定无事，其实心里一点也不淡定：内心如潮，脊背冰寒，眼前不停闪现着某个员工被火球击中的画面，这一后果无论是他，还是刚成长起来的数据中心都无法承受。

回到办公室，Peter 将整个身体沉入办公椅后陷入了沉思，他开始意识到，自己对运维人员安全方面的重视还不够。Peter 不禁联想起摩根士丹利的一个真实案例。

　　摩根士丹利在英国的西思罗有一个数据中心，一直外包给了诺兰管理服务有限公司进行运行和维护。但由于建造的时间比较早，只有一路市电供电，可靠性略显不足。为此，摩根士丹利于 2010 年决定投资数百万英镑来对这个数据中心的基础设施进行升级改造，包括新建一个变电站、安装一些新的配电柜和静态切换开关。经过投标，巴尔弗·贝蒂工程服务有限公司获得了这份合同。同时，又将电气安装的工作外包给了综合布线服务有限公司。

　　项目进行得非常顺利，转眼就到了安装静态切换开关的阶段。这些静态转换开关是用来为单电源供电的存储设备提供两路潜在的供电电源，一路来自场地现有的变电站，另一路来自新安装的变电站，以提供更高的可用性。摩根士丹利为了保证达到升级改造的结果，并且不影响现有数据中心的正常运行，要求在正式接入现有的基础设施之前，对这些静态切换开关进行改造，并用两路电来对这三个静态切换开关进行测试，以确保它们能正常运行。第一台静态切换开关进行了成功的改造、测试并接入了现有的基础设施。然而，来自综合布线服务有限公司的电缆连接工马丁·沃尔顿的前额触到了第二台静态切换开关上 415V 的带电端子，造成了这名 27 岁的小伙子当场死亡。

　　经过五年的法庭调查和诉讼，英国法庭对这起案件做出了最终的裁定：巴尔弗·贝蒂公司承认违反了英国 1974 年的《健康和安全工作法》，被罚款 28 万英镑，诺兰公司违反了《健康和安全工作法》而被罚款 10 万英镑。法院裁定，管理失误导致雇员在不知情的情况下在紧邻带电的系统处工作，酿成事故。巴尔弗·贝蒂公司则指责客户施加压力来完成该项目是这起事故的原因。但英国健康和安全执行局认为："这起事故是由于沟通和管理失误所带来的。现有的电源是在诺兰公司的控制下，而新的电源是在巴尔弗·贝蒂工程服务有限公司的控制之下。虽然巴尔弗·贝蒂公司声称受到了工作困难和要求苛刻的客户的压力，但不能原谅他们的是忽略了对风险的有效控制。诺兰公司为马丁·沃尔顿发放了从现有的电源重新布线到新安装的静态切换开关的工作许可，在参与工作的所有人中，没有一个人准确、全面地了解正在开展的工作，其结果是，马丁·沃尔顿和其他人毫不知情地在裸露的带电电气端子附近工作。这一破坏性的影响，本来是完全可以预防的。"

2 安全意识

Peter 把这个案例转发给 Tom，他在邮件中写道：

"任何员工发生安全事故，他将来的生活和人生就可能发生根本性的改变，也是我们数据中心的损失。并且安全事故还可能带来不可预料的严重后果，就是造成基础设施的中断运行，从而给我们的业务造成无可估量的损失。安全事故的发生，不但会给公司造成经济损失，而且更重要的是会给公司的声誉造成极坏的影响，甚至会成为反面教材，影响到公司的业务。安全无小事，安全工作需要年年讲、月月讲、天天讲，必须严肃对待。近期天津港发生的安全事件，以及北京某学校建筑工地多人伤亡事件对于我们都是深刻的教训。

我们有很多高、中压设备，这些设备如果没有严格的运维规范，对于人员安全的后果相当严重。之前，我自己对安全这方面也没有足够的重视，原来我们做 IT 的管理，几乎完全不用考虑人身安全的事情。现在我充分意识到设施运维与 IT 运维非常不同的一条，就是我们必须学会面对这些高电压的机电设备，要把人身安全意识提升一个高度。

我想，我们数据中心场地设施运维团队需要从以下几个方面来提高所有员工的安全意识，提高自我防范意识，遵从安全的最佳实践，确保人身和设施设备的安全：

（1）编制一份正式的数据中心工作场所安全计划。

（2）配备安全防护装备和个人防护装备。

（3）电气是数据中心最易发生安全隐患的系统，必须给予足够的重视和强调。

（4）对现场的所有安全危害进行识别和分析。

（5）建立安全危害沟通的流程。

（6）建立危险品的控制流程，因为危险品的控制也是国家控制的重点，尤其是发生了天津港的危险品爆炸事件以后。

（7）严格遵守国家、行业和地方发布的有关安全的法律、法规、标准。"

收到 Peter 的邮件，Tom 不敢怠慢，马上回复。

"嗨，Peter：

昨天上午发生的事故以及这个案例，都可以说是教训惨痛。理论上来说，任何事故都是可以预防的。按照海因里希法则，发生 1 次重大的事故前，有 29 次轻微的事故，有 300 起隐患或者违规，只要识别并消除了所有的安全隐患和违规行为，就可以预防事故的发生。

关于加强安全措施，我们将尽快落实以下工作：

（1）严格遵守标准化的安全操作规程，提高工作人员的安全意识。

（2）对供应商进行全面管理：对进入数据中心开展工作的供应商人员进行有效的管理和监督，包括安全方面。

（3）有效的沟通，是保证场地人员安全的有效手段；对于发生过的事故，将及时通报给大家，以便吸取教训，不再犯同样的错误。

（4）在数据中心基础设施上开展任何工作，都将事先对可能的安全风险进行分析，并采取必要的预防措施。

（5）为在数据中心基础设施上工作的员工配备必要的个人防护装备，并在开展工作时进行穿戴，如护目镜、安全帽等。

（6）场地上将配备一些辅助的安全措施，并培训如何使用，如上锁挂牌的锁具、标识牌、钥匙箱等。

Best Regards!

Tom"

3 安全实践

假期后上班的第一天，Tom 一大早兴致勃勃地来到了 Peter 的办公室。他要给领导汇报一下他这段时间加班的成绩：数据中心基础设施运行和维护的安全体系。

这套安全体系主要针对人身安全，共分为如下七大部分。

1）数据中心工作场所安全计划

通过设定数据中心基础设施运维的安全方针来明确安全管理的方向；确立组织的安全原则、安全责任和组织架构；建立严格的安全生产的规范和流程、安全作业的最佳实践、安全培训等，确保所有员工都受到针对其工作岗位所需要的合适的安全程序的培训；所有和工作相关的伤害和疾病都得到准确的报告；在安全和无危险的情况下对他们责任范围内的设备和资产进行维护；一旦观察到不安全的做法或者情况，立即进行纠正，并报告给管理层。

2）个人防护装备

设施管理团队应该确定存在哪些需要使用个人防护装备的危害，并为所有员工采买合身的、适当的个人防护装备，同时教授员工正确使用这些个人防护装备。

日常运维工具

　　所有个人防护装备都应该正确地保存在容易取用的地方并得到正确的维护。个人防护装备还应该按照相关规定和装备制造厂商的建议进行测试和更换。

　　3）电气安全

　　设施管理团队应该创建一份电气安全计划，以最小化所有在设施中工作的人员暴露在电气伤害中的风险，并确保符合适用于现场电气系统的相关法规的要求。

　　除非停电带来的危险更严重或无法实现，否则，要求所有在电气设备上开展的工作都应该在断电的情况下进行。

　　电气安全计划中应该包含有关的条款来确保所有的电气工作都是由有资质

的员工来实施。应该为这些有资质的员工提供相应的安全工作程序、个人防护装备和诸如上锁挂牌装置等其他的控制手段，并接受对以上程序、装备和手段的培训。

4）危害分析

所有操作程序应该包含一份正式的危害分析，记录在每份程序中。这份危害分析应该识别所有的作业安全风险，并应该针对每一个安全风险确定相应的安全措施，来达到一个可以接受的风险等级，以便执行该程序。

5）危害沟通

该计划应该应用到在正常或紧急情况下，员工可能接触到有害物质的所有作业操作。该计划应该包括以下要件：

（1）场地有害化学品清单；

（2）安全数据表的使用；

（3）所有有害物质容器的正确标识。

对员工就其工作中所接触的化学品的危害性质、安全处理程序、不受到这些化学品伤害的自我保护措施进行培训。

6）危险品

所有危险品（如爆炸物、可燃物、有毒物品、放射性物质、腐蚀性或氧化物质）应该按照生产厂商的建议和适用的法律和条例进行正确识别、标识、存储、维护、使用、运输和处理。

7）国家、行业、地方的法规的合规性

这些法规的例子包括但不限于《中华人民共和国安全生产法》《中华人民共和国劳动保护法》，等等。

Peter 听完 Tom 对这个安全体系的介绍，说："我觉得你这个方案做得非常好，体系完善，具体的细节还有值得完善修改的地方，这可以在执行的过程中逐步改进。另外，体系相对容易建立，更难的是如何把体系变为所有人的工作习惯，落地很重要。"Tom 点点头，说："具体实施的时候，我想首先必须是安全培训，一定要让每个员工的安全意识战胜侥幸心理。其次，所有的操作和流程规范化了以后，需要定期对安全工作进行审核，及时发现问题，进行整改，达到持续改进的目的。"

望着此刻一脸严肃的 Tom，Peter 感到有这么一个执行力强的下属，真是自己的幸运。他又提醒 Tom："虽然安全问题是预防为主，但万一真有了安全事故，咱们后续的应急对策也必须有。"Tom 早已经想到了，说："我们后期的应急流程里面，都会包括人身安全这块内容。例如，现场的急救箱、附近的医院、110、各自应急联系方式等，我们也都会整理作为应急响应文件的一部分。"

在欧美国家，对于职业安全有非常严格的法规。数据中心运维的规程中，也把人员的安全放在首位。在国内，安全问题还没有得到业界足够的重视，但随着国内法规的逐步完善，加上以人为本的管理理念日益深入人心，数据中心运维人员安全将会越来越被重视。

京东云——华东数据中心，一个工业、科技、人文、生态和谐并存的
绿色数据中心产业园

Chapter 6

巡 检

1 初现端倪

这个周末要开 APEC 大会，北京迎来了难得的蓝天。天空一碧如洗，是户外活动的好时机，但 Peter 却要加班。这是因为重大会议、活动期间，负责数据中心运行的领导们都得加班加点，确保系统稳定。

平时 Peter 加班只是在自己的办公室里看看电脑，听听 Tom 汇报。今天 Tom 出差，Peter 心血来潮，决定去一线看看平时忙碌的值班人员都怎么工作。

周末的机房楼里没有几个人，显得特别安静。Peter 走出办公室来到设施层，经过负责值班的保安，刷卡进门、穿上鞋套，直奔值班监控室。监控室里只有一名值班员小刘正在值守，大屏幕上展现着机房的运行情况。小刘见着 Peter，立马站起来。大领导平日里难得进这屋，小刘有点紧张。Peter 找把椅子坐下，挥手示意小刘也坐下。问道："怎么就你自己？其他人呢？""老王和小林他们巡检去了。"

Peter："你们多长时间巡检一次？"

小刘："按照巡检的制度每两小时巡视一次。"

Peter："那你们又是怎么分工的呢？谁负责监控，谁负责巡检？"

小刘："我们三个人一班，一轮一名监控，另外两名巡检，来回轮流。"

机房巡检

Peter：“那你们一般巡检一次需要多长时间？”

小刘：“一般半个小时可以走完全部巡更点。”

小刘一不小心透露了很多值班员巡检过程的真正做法：就是到每个规定的巡更点点卯。这一发现让心思缜密的 Peter 内心浮现出一丝不快。

正说话间，另外两名值班员已经完成了本次巡检，手拿巡更棒有说有笑地回到监控室。见到 Peter，赶紧肃容请安，将巡更棒放回原位后回到座位上。

很多行业，包括商业楼宇、工厂的厂区等，都有定期巡视的需要。为了保证巡视人员不偷懒，管理者一般都会事先规定好巡视的路线，并沿途设定好关键巡视点，要求巡视人员必须到巡视点报到。传统的方式，是在巡视点放个表单，巡视人员每次巡视到地方就在表单上签个到。这些年技术发展了，可以在巡视点安装电子感应器，巡视人员拿着电子巡视棒就可以电子签到了。

Peter突然注意到一个细节：这两位值班员去巡检怎么只拿巡更棒，没带巡检表啊？深思熟虑的他没有立刻发问，而是想慢慢一探究竟。

Peter站起身，走到一名值班员老王身边，拍拍他的肩膀："辛苦了！"

老王说："还好吧，这工作挺轻松的，一般也没什么事。"

老王倒是说出了实情，但殊不知这样一说，不禁让Peter惊出了一身冷汗。心里的那丝不快，愈发强烈了。

近些年数据中心越建越多，整个行业发展迅猛，对于运维的人员要求量也水涨船高，但行业积累的人才不敷使用，因此，不少数据中心运维人员都是从负责写字楼或小区的物业公司招聘来的，这些运维人员难免会带些原来岗位的不良习惯到数据中心来。

Peter按捺住心里的不快，佯做无事地说："嗯，工作不重，责任重大，有时间还得多学习啊！"

Peter接着问："把巡检表拿来我看看？"

值班员毫无防备地将巡检表呈了上来，Peter一看，气不打一处来。但当了多年领导的Peter还不是那种低情商的人，没有当场发作，看完当天的巡检记录，强装笑脸地说："各位辛苦了！"走出监控室，Peter知道，改进巡检的工作还有不少活儿要干。

2 刨根究底

　　Tom 出差一回来，就被 Peter 叫到办公室，询问值班人员巡检情况。Tom 出示了各班组值班人员巡更系统上的打卡记录，记录显示很少有漏打和迟到的现象。Tom 只知其一，不知其二。以为在自己的管理下，值班人员还算守时，每个时间点都到达了指定时间的巡更点。

　　原有的巡更记录表非常简单，只要求巡检人员对于设备正常打√、异常打×。Peter 指示 Tom 重新设计巡检表，把每一台设备的重要参数，如空调回风温度、回风湿度，UPS 负载率、电流、电压，冷水机组回水温度、供水温度、回水压力、供水压力、压缩机吸气压力、排气压力、冷冻水流量、流速等都做成手填表格，要求值班人员必须抄写这些数据。

　　Peter 想过段时间新巡检表格执行起来后，看看会不会有新的问题暴露出来，到时候再"毕其功于一役"。

　　两周后的一天，Peter 带着 Tom 又突袭临检监控室。进屋第一时间就先拿巡检记录表进行查阅。值班人员还算认真，巡检记录表每一格都填得满满当当。时间、参数、单位都写得很清楚，Peter 心里稍微欣慰了一些。重新设计表格的目的不仅在于这些参数记录，也是让值班人员不再以巡更点打卡作为唯一目标，要求他们走到设备面前进行操作和查看，进而发现问题。

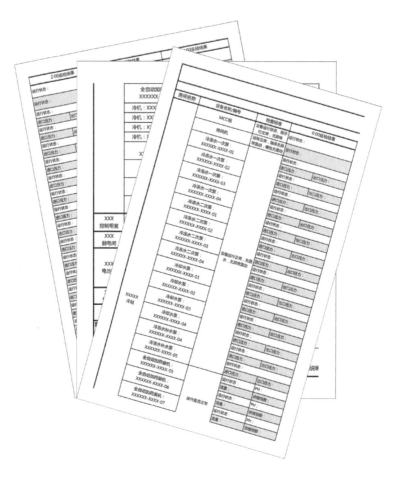

巡检表

又一轮巡检开始了，值班人员拿着记录表和巡更棒按既定的路线逐台设备做起了巡检。Peter 和 Tom 紧随其后，仔细注意着巡检人员的每一个动作和细节。今天的实地检验又让 Peter 看出了一些端倪。巡检人员虽然每台设备都按照表格设计的参数一一填写了，但表格未体现的内容(如一些无法量化的状态)，如有无异常声响、过滤网脏堵程度、有无异味等项，巡检人员几乎不太留意，像机器人似地重复着巡检动作。Peter 看在眼里，急在心里。但他没有马上指出来，他想制定系统、完整的方案以达到整改效果。

当走到一台空调前面时，Peter 发现此空调回风温度似乎比设定的温度高了不少，而且较周围的空调回风温度也偏高。巡检人员如实对该温度进行了记录，并完成了该区域的所有空调的巡检。

回到监控室，Peter 找出这一周的巡检记录表，并调取了那台温度偏高的空调历史数据。这一看，让 Peter 倒吸了一口冷气。巡检记录表中历史数据显示该台空调的回风温度在两天前的凌晨开始逐步上升，昨天开始的温度比前面 5 天回风温度高了 2℃。Peter 决定一探究竟，他叫上 Tom，让值班人员打开那台空调门，门一开，Peter 立马血压狂飙：两台空调的压缩机电源开关处于跳闸状态！

Peter 故作淡定，让巡检人员看看空调有什么异常？巡检人员里外查看了半天，还从控制面板上调取了报警记录，一致认为没有异常。Peter 又让 Tom 检查，Tom 察觉了设置温度与回风温度的差异后，有意识地看了一下压缩机的电源开关，随后一语道破真相："压缩机跳闸了"。巡检人员这才恍然大悟，可是仍不明白压缩机跳闸为什么没报警。

Tom 开始现场培训：一般情况下，压缩机跳闸都是因为电流过大。而引起电流过大的原因有可能是高压或者压缩机过热。不管是高压告警还是过热，压缩机保护模块会在跳闸前向控制器发出警报，并自动停止压缩机的运行，从而保护压缩机不至于烧毁。而此台空调压缩机开关跳闸没有报警可能是因为开关的过流保护设置得偏低，压缩机还没达到报警的电流，开关就先跳闸了，所以没来得及发出报警。对于此类故障只能通过细心的巡检发现，不能完全依赖监控。

3 指导改进

回到办公室，Peter 请 Tom "喝茶"。不等领导发火，Tom 先做了态度诚恳、认识深刻的自我批评，然后总结问题。

在新的巡检表格推行之前，从巡更系统导出的数据和门禁系统结合分析后，发现有些值班人员进入某区域巡检，经常不看设备状态，而是径直到巡更点打卡，只用了 9 秒就完成了近 20 台配电柜的巡检工作。简而言之，值班人员把打卡当成了巡检工作的真正任务。

在 Peter 的指导下重新设计了表格后，值班人员变身 "抄表君"，设备的参数是什么，就记录什么，没有认真、仔细地发现异常、分析原因、找出隐患。这也违背了 Peter 设计巡检表格的初衷。

如何彻底改变这种局面？二人苦思冥想，整出一套综合治理方案，又召集各专业主管进行了研究并分工细化了原有的制度，并向全员发布：

（1）在后续的培训中，增加对设备运行状态分析及故障判断能力的培训内容。

（2）请有运维经验的行业专家给团队培训，分享巡检的重要性，以及现场巡检需要重点关注的点。

（3）完善质量审核环节的精细度，制定更加科学合理的考核 KPI 指标。考核指标与绩效工资直接挂钩，表现好的与表现差的拉开差距，鼓励和奖励工作中表现特别突出的员工。

（4）强调中层管理人员的权力，发挥值班班长的承上启下作用。建立跟踪、监督、检查、报告制度，形成管理上闭环，以便及时纠正偏差。

不过 Peter 知道，所有这些行为的核心问题，还是运维团队对于数据中心不间断运行的关键性缺乏足够的认识和重视，也就是说团队还没有建立起精益求精的运维文化。

4 贯彻落实

月度例会的时间又到了，这次 Peter 打算开个不一样的例会。例会安排在午饭时间。Peter 安排人给大家买了 KFC。同事们很高兴，今天领导请客，吃得很开心。不过 Tom 心里明白：天下没有免费的午餐。

大伙儿吃得差不多了，Peter 站起来讲话了："各位兄弟，最近我参与了几次巡检，有点感受，想和大家分享一下。"

Peter 的口气严肃，大家也都开始认真起来。

"大家知道数据中心如果因为停电，导致支撑的业务运行中断，会有什么后果吗？"

大家七言八语，就把各种恐怖后果列出来。其实大家对于数据中心的关键性还是知道的。

"那么，如果你之前负责做物业管理的商场停电，会有什么后果呢？"

大家反应也很积极，各种分析，总之，也没啥大事，就是客户有点不满意而已。

"大家既然知道数据中心是关键任务设施，那么为什么把普通设施物业管理的习惯又带到关键任务设施来呢？"

这一句话，说得大家都安静下来了。

在国外，管数据中心、医院、机场等设施被称为 Mission Critical Facility，即关键任务设施。而普通的设施就叫 Facility。这两者的区别就在"关键任务"这几个字上。但这几个字，就意味着需要以完全不同的严肃性、严谨性来对待数据中心的运维工作。

"水滴石穿非一日之功，冰冻三尺非一日之寒。数据中心有69%的故障是人为造成的。因我们的熟视无睹、粗略大意都有可能让隐患最终变成严重的故障。

故障固然不可能杜绝，但在运维人员的努力下是有办法大幅减少的。运维工作关键在于平时的积累，防微杜渐、防范未然、细致入微是运维工作的铁律。运维工作中最基础的工作就是日常的巡检，最近针对巡检的检查当中发生了以下几件事，我向大家通报一下。

（1）发现值班人员巡检未带记录表，只带了巡更棒，当我查看巡检记录表时，发现排在晚上的巡检任务，小伙子们中午之前就把它完成了。效果还很不错，设备运行全正常！

（2）大家都按时、按量地到达了巡更点打卡，这很让人欣慰。但是结合门禁系统的时间仔细研究时，发现我们的小伙子都是"博尔特"，9秒就巡完20台配电柜。

（3）我们重新设计了巡检表格，改变以往正常打√、异常打 × 的简单模式，大家执行得"很好"，前天23℃回风温度，昨天24℃，今天都26℃了，咱们小伙子仍然不紧不慢地记录在案，啥问题也没发现。

大家似乎还没有意识到巡检工作的真正意义。之所以需要值班人员7×24小时值班、巡检，是因为人类大脑比监控系统有自主思维，能根据数据的微小差异主动查找原因，及早发现隐患，不至于发展成故障，造成损失。如果没有领会巡检的真正意义，只是重复的机械动作，那人与机器人有什么区别？所有数据都可以经过监控系统、DCIM系统采集和统计出来，何必要请这么多值班人员来抄表呢？

我很理解巡检的工作重复性强，比较枯燥乏味，而且可能100次巡检也发现不了1次事件。久而久之，大家逐渐产生惰性，就开始糊弄事了。就是在这样的惰性下，我们的眼睛就变得不尖锐，警惕性也不高了，小的隐患就会在我们的眼皮底下逐渐变为事件和故障。所以，我们还是需要和我们的战士一样，保持警钟长鸣的心态。最后希望大家继续努力！有请Tom为大家分享巡检工作的要点和注意事项。”

大家一边热烈鼓掌，一边心情沉重地反思：跟着这样眼睛毒、脑子快的领导，没法滥竽充数，真得加油上进了。

Tom接过话筒开始授课："刚才Peter已经语重心长地讲述了巡检工作的意义，我在这里就不多说了，今天要分享的是巡检工作的注意事项和各类系统的巡检要点。欢迎大家多提建议和意见。

（1）利用眼见、耳听、鼻闻、手摸、工具检查等手段来发现细微的变化。

① 检查设施和设备的运行状态是否正常，有无告警，包括检查状态指示灯、操作面板、控制台等。

② 检查设施和设备的有关参数指标是否正常。

③ 观察设施和设备有无漏水、漏气、漏灰、漏风、漏烟、漏油等泄漏现象。

④ 观察设施和设备是否有不正常声音、振动、异味、渗水等异常现象。

⑤ 检查现场温湿度等环境参数是否正常。

⑥ 检查现场安全防护设施是否齐全完好。

⑦ 检查现场设施和设备，以及环境的清洁状况。

（2）巡检工作严格依据 SOP（标准操作流程）的指导进行。

（3）不随意开启常闭的开关，不随意关闭常开的开关。

（4）要有局部联系整体的思维，从细微变化推演出可能造成的严重后果。

（5）留意设备运行参数的变化范围；巡检结果要如实记录，并定期对历史数据进行分析比对。"

Tom 还补充道："大家回去后，先认真学习运维人员工作手册里关于巡检方面的 SOP 文档。关于月度健康巡检和季度的维护保养等要求后续再跟大家分享。"

事后 Peter 和 Tom 总结道：基础设施的运维管理工作范围广、涉及专业多，各专业相对独立，人员复用困难。值班人员在这样重复、枯燥的工作中很容易松懈，作为管理人员应该时常给大家敲一敲警钟。运维工作的重点在于平时的积累，平时工夫下得深，出事的概率就低，和所有管理工作一样是一个 PDCA 循环过程。

平安集团张江数据中心——国内较早建设投产的金融企业高可用总部数据中心，已安全运行近十年

Chapter 7

维　　护

1 完善维护计划

随着数据中心培训、巡检、演练等运维工作的逐步完善，Tom及运维团队人员已经基本了解和掌握了数据中心各项设施系统及物理环境，准备重点关注维护工作。Tom根据以往的工作经验，在数据中心运维启动前已经针对各个维护系统分别做了初步的维护计划，但是前期工作繁忙，并没有更好地评估和完善维护计划的有效性。之后几个月的时间，由于各种原因导致延迟维护的情况频繁发生，维护工作的按时完成率已经低于85%，大大影响了后续维护计划工作的排期，以至维护频次较高的工作，由于延迟已经不能正常执行了。如何尽快解决这些问题，成为当务之急。

Tom立即召集各个系统的主管，讨论如何解决近阶段维护工作中出现的问题。会议一开始Tom直奔主题："什么原因导致维护工作延迟？为什么正常的维护工作不能进行了？"

面对Tom的质问，主管们七嘴八舌地解释道：

"不是我们不做，是因为空调厂商的维护工程师临时调整了时间，只能安排下周再进行了。"暖通系统主管第一个抢答。

"上个月由于政府会议，数据中心封网了，监控系统的维护工作没法按照计划执行，延迟了一周，可下一次的维护工作就要开始了，所以两次维护工作就合成一次了。"弱电系统主管补充道。

"还有，按照消防系统的维护计划，每周进行的阀门、仪表、管路、压力罐、储水箱、止回阀等各项测试和检查工作，由于工作量太大，一周的时间很难全部完成，所有的工作只能向后推迟。"消防系统主管也提出了自己的问题。

"目前，各个维护系统的计划都是相对独立的，对维护人员的利用率不高，建议对整个维护计划进行整合，这样通过一张维护计划表，可以统一安排所有维护人员参与到维护工作中，从而提升维护工作的效率。"电气主管提出了建设性意见。

"这个建议很好，所有的维护人员就是一个共享的资源池，虽然各系统专业分工不同，但协助性的工作还是可以支持的。再通过加强培训，所有运维人员备份冗余度就得到了充分的保障。对了，下个月高压维护工作准备得怎么样了？"Tom 追问道。

"这是我们第一次进行高压维护，维护方案已经拟定，并提交了工单，还需要您的审核。"电气系统主管答道。

"方案我会尽快确认，第一次进行高压系统的维护工作，大家千万不能掉以轻心。后面各个系统的负责人把各自负责维护的工作、内容、周期重新梳理一遍，明天下午提交给我。另外，后面可能还会延期的工作也一并发给我，我来统一安排，如果没什么问题就先散会。"Tom 最后总结道。

会议结束后，Tom 意识到，虽然自己以前负责运维的机房五脏俱全，但与现在上万平方米的数据中心相比，维护设备的数量、维护设备的内容、维护工作的频次显然已经不是一个数量级。维护计划需要尽快完善修正，自己的维护意识和相关知识也需要拓展提升。

第二天下午，Tom 收到各个系统主管提交的维护工作计划后，向 Peter 进行了汇报。Peter 虽然没有管过实际的运维，但管理其实都是相通的，并且他的管理经验还相当丰富。他建议 Tom 先列表，按照各个系统进行分类，把每一项工作进行整理和完善，同时 Peter 也提到对维护工作的负责方及对应的输出记录要明确。听着 Peter 的耐心讲解，Tom 知道这不仅仅是指导，还在传递一股力量，信任的力量。

Tom 首先重新编排了维护计划表：将必须做的维护工作按配电、制冷、监控、消防和物理安全五大系统分类列明，再根据业务要求给的几个可能的时间窗进行了初步安排，有的任务互不干涉、实施人员无须复用的，可以共用时间窗。对于封网、工作量等情况也进行了考虑，同时建立了厂商人员维护工作的流程。整张计划表以时间轴分为日常巡检、周维保、月度维保、季度维保、半年度维保和年度维保，而维保内容则是对应五大系统的各类设备设施，特别是冷水机组、高压柜、变压器、低压柜、UPS、PDU、精密空调、发电机等关键设备，以及冷冻水和冷却水水质处理，消防系统则特别关注其功能的可用性测试和漏水隐患。同时完善了维护工作的责任方、协助方、维护工作支持的操作文件，以及最终输出的记录。

为了保证运维计划周全、高效，Tom 会同运维团队，以及各专业维保单位、设施管理供应商的专业人员一起对初稿进行了评审。正式发布后，Tom 安排运维人员将维护计划表打印出来并粘贴在值班室最显眼的地方，要求各单位严格按计划执行。同时，在维护计划表上对已经完成的工作、延迟的工作、未完成的工作分别用不同颜色的标签进行了粘贴，所有维护工作的情况通过计划表可以一目了然。

数据中心年度维保计划

厂家	维保年限	维保开始日期	维护内容	维护频率 周	月	季	半年	年	巡检维护时间安排	对应记录	接口人/电话	备注
物业	1年	201X年1月1日-201X年12月31日	1. 给排水管道密封性检查和消防空间安全性检查	√					1-12月每月中旬	服务报告	XXX 客户经理 1900000000 XXX 工程师 1900000000	
发电机厂商	3年	201X年1月1日-201X年12月31日	2. 发电机:空载启动测试		√				1-12月每月下旬	服务报告	XXX 客户经理 1900000001 XXX 工程师 1900000001	
			3. 发电机:带载启动测试				√		6,12月中旬	发电机启动记录表	XXX 客户经理 1900000002 XXX 工程师 1900000002	
自查	无	无	4. 接地系统检测				√		6,12月中旬			
自查			5. 新风系统检查保养		√				1-12月每月初	数据中心自查记录表	XXX 1900000002	
自查			6. 空调过滤网清洁			√			3、6、9、12月每月初	空调维护记录表	XXX 工程师 1900000002	
			7. 消防演练年检					√	12月底			
消防厂商	2年	201X年1月1日-201X年12月31日	8. 消防设备元器件检查		√				1-12月每月初	消防检查表	XXX 销售 1900000000 XXX 高级工程师 9000000006	
			9. 消防设施抽检性能抽样检查			√			3、6、9、12月每月初			
			10. 安防设施完整性检查,安防设施性能抽样检查		√				1-12月每月初	数据中心自查记录表	XXX 销售 1900000009 XXX 销售 1900000010	
物业	1年	201X年1月1日-201X年12月31日	11. 安防设施维护保养			√			3、6、9、12月每月初		XXX 高级工程师 1900000010 XXX 销售 1900000011	
			12. 安防设施抽样检查		√				1-12月每月初		XXX 销售 1900000012	
			13. 物理检查					√	12月初	服务报告	XXX 高级工程师 1900000012 XXX 高级工程师 1900000013	
UPS厂商	3年	201X年1月1日-201X年12月31日	14. UPS在线模式检查		√				1-12月每月底		XXX 高级工程师 1900000013 XXX 销售 1900000014	
			15. UPS功能测试					√	12月中旬	服务报告	XXX 高级工程师 1900000014	
			16. 常规功能测试		√				1-12月每月初	UPS保养记录表	XXX 销售 1900000000 XXX 高级工程师 1900000015	

年度维护计划表

2 落实高压维护方案

一个月后，延迟维护的情况已经明显有了改观，正常维护工作完成率已经回升到 90%。Tom 总算松了口气，但数据中心第一次高压系统维护工作随之进入倒计时。

针对这次高压系统维护工作，前两周 Tom 就拟定了工作通知函，并将通知函正式提交给 IT 运维团队。通知函中明确了此次维护的工作内容、工作安排、影响范围。特别是此次维护工作过程中会进行两路供电的切换，对主机房内双电源设备不会有影响，但对单电源的设备将会在切换过程中造成设备中断。为此，IT 运维团队在接收到通知后，为避免出现意外情况，通过一系列的措施把业务系统影响度降到了最低，包括对主备服务器进行全面检查，把单电源设备提前接入冗余电源。同时根据维护工作的安排，指派了人员配合此次高压维护工作。

倒计时最后一周，在准备工作会议上，Tom 作为本次维护工作的总指挥，再次向参与维护的人员明确了此次维护工作的目的及重要性。随后，电气主管向大家重申了本次维护工作的具体安排。

"本次维护工作安排在周末两天进行，第一天开始停 I 路，第二天开始停 II 路。本次维护的范围包括以下几个方面：

（1）总配电室、分配电室变压器及其所带负荷。

（2）分别对 I / II 路高压柜进行清扫和检测。

（3）对总配电室变压器及其所带低压开关进行清扫和检测。

（4）对分配电室变压器及其所带低压开关进行清扫和检测。

（5）所有维护工作完成后恢复 I / II 路供电。"

介绍完维护工作的范围，电气主管根据方案内容又详细地介绍了本次维护的人员安排、工具准备、维护操作的步骤、操作流程及应急操作等内容。在电气主管介绍方案的过程中，所有参与维护的人员仔细听着方案中的每一个细节，对自己负责的工作进行确认和记录。最后，Tom 向大家发放了本次维护工作涉及的记录表、操作流程、应急预案等文件。

由于本次维护工作极其重要，Tom 及其团队成员可谓是精心准备。仅电气主管提交的维护方案，就经过大家三番五次的论证，更新了五个版本。整个维护计划从维护准备、实施、维护后的检查等方面进行了周密的安排。从维护准备上，运维团队检查了所有维护工作中用到的工具，同时将需要校准的工具重新进行了检测。为了避免在维护工作中出现设备故障情况，Tom 还对数据中心提前储备的备件进行了重新清点，同时通知厂商人员针对易损的备件进行了准备，以备不时之需。在实施阶段每一步维护工作均明确了相应的维护操作人员，所有工作均有双人复核操作完成。最后，Tom 将鼓风机分别摆放在机房冷通道上，因空调启停造成空调故障或温度上升时，可以及时开启鼓风机，保障机房温度不受影响。

3 方案执行到位

周末那天，路上的行人和车辆寥寥无几，一路畅通。Tom 提前 1 个小时就赶到公司，利用这 1 个小时的时间，Tom 再次回顾了当日的工作安排，对各项准备工作进行了复查。8∶30，所有的维护人员均已到场，Tom 不厌其烦地向大家重申当日的关键步骤及注意事项，然后向每组人员派发了对讲机，并在发送对讲机的同时一遍遍向每一组人员叮嘱着："注意安全！"

9:00，只听电气主管在对讲机中一声令下"各组人员注意，开始停Ⅰ路。"按照事先的计划和 check list，各专业各小组在总指挥 Tom 的统一协调下有条不紊地进行，遇到问题及时汇报确认和决策。维护人员在每一步操作的过程中详细地记录着时间点及完成情况。每一次重大维护都是在争分夺秒，大家心里都很清楚，如果维护工作没有按照既定的时间安排进行，稍有延误就很有可能造成对业务系统的影响。本次维护也不例外，还好，第一天一切进行顺利。第二天，维护工作已经渐进尾声。维护人员按照制定的操作步骤熟练地进行着操作，各项检查工作有条不紊地进行着。随着Ⅱ路供电的恢复，高压维护工作结束了。大家的心情总算轻松起来。

所谓磨刀不误砍柴工，每一次重大维护工作其实也是难得的变更时间窗口，利用这次维护的机会，将绝大部分早期发现的隐患当场消除，当然这些都是在 Tom 的计划之内。最后只遗留了一个问题：因进口备件货期较长，暂时无法更换，已采取临时措施并挂牌，避免带病运行造成损坏。同时将问题纳入风险管理跟踪表，定期进行刷新和反馈。

Tom 向 Peter 汇报了高压维护完成的情况，Peter 对此次维护工作安排和结果很满意，开玩笑说："Tom，大家这两天辛苦了，我从微信运动里看到，这两天大家的步数都是位列前茅啊，尤其是你的步数在排行榜里已经位居第一名了。"Tom 作为总指挥，这两天从配电室到主机房再到监控室已经不知道来回穿梭了多少遍，听了领导的表扬，笑道："谢谢领导的关心，我们会继续努力。做运维就是这样，一切按部就班，有些古板、单调，但一切皆有准备，何尝不是一种难得的踏实？"

4 面面俱到的维护预算

伴随维护工作的顺利进行，数据中心各项设施系统犹如刚保养完的爱车，各项指标杠杠的，"满血运行"。Peter 和 Tom 开始准备明年的维护预算计划。Peter 心里很清楚，要保障数据中心稳定的运行，没有钱是万万不能的，如果预算中稍有遗漏的部分，那么来年此项工作将不能正常进行。由此给数据中心运维工作带来的影响是巨大的。

根据经验，Tom 将各项所需的 CAPEX（资产投入计划）和 OPEX（费用计划）按轻重缓急，以及考虑到六大项目类别：改造费用、维保费用、工具 & 备件费用、应急材料费用、检测费用、优化费用，首先做出了维护预算表。

随后，Tom 来到 Peter 的办公室，就维护预算进行沟通汇报。Peter 仔细看了预算表中的内容，夸赞道："预算的范围很全面啊，具体的预算项目都是怎么来的？"面对 Peter 的问题，Tom 表情轻松，信心满满地答道："首先是改造费用，所有的改造项目都是在这 1 年的维护工作中发现的潜在问题，需要进行整改，至于费用，已经联系过公司商务了，使用由商务指定的施工方给出的价格。其次是维保费用，我核对了所有的厂商维保协议，列出的项目是明年要出保的，因为咱们是新建的数据中心，所以这项内容并不多。接下来是工具 & 备件及材料的费用，我们在接维的时候对工具已经考虑很全面了，至于备件及材料部分，虽然厂商提供了相应的服务，但是通过这 1 年对于厂商库房盘点的情况来看，此部分会出现库存短缺的情况，万一出现紧急故障，如果厂商协调不力，对我们来说是有潜在的风险的，所以，针对关键设备部件及使用的材料，我和运维团队也梳理了采购的内容，放置在数据中心会更有保障。对于检测部分，目前行业内有针对设备运行状态健康检查的服务公司，通过健康评估可排查设备运行的潜在隐患，合理调整设备运行的各项运行参数，在满足安全运维需求的同时还可以达到节能的效果，再加上运维团队本身的维护工作，可谓是双重保障。至于最后一项，优化费用，从目前行业来看，办公自动化、可视化是运维的发展趋势，巡检、维护、故障、变更、资产等管理都已经有了统一的软件管理平台，标签标识系统从涵盖的范围到设计的样式、使用的材料都已经逐步成熟起来，这些自动化、可视化的产品会大大提升运维效率，同时还降低了运维风险。"听完 Tom 的介绍，Peter 也满意地点了点头，最后补充了一句："前面你说的我没有什么问题，只是以防万一，还是留点额外的费用为好。""您说的是备用金吧，明白了，我随后就补充进去！"Peter 拍了拍 Tom 的肩膀，说："有明确的规划和充足的预算，明年我们就可以大干一场了。"

"时刻准备着！"Tom 此时兴奋异常。

云泰互联鄂尔多斯数据中心——西北首个获得 Uptime Tier III 设计认证和美国 LEED 认证的绿色数据中心

Chapter 8

操作流程

对于航空业来说，安全运行是头等大事。从对所有造成空难原因的分析来看，影响安全的因素主要有三个方面：① 航空器本身的设计和建造质量；② 地勤工作对于飞机的保养和维护质量——好的地勤需要确保飞机飞行的时候，所有的设备不要出状态；③ 飞行员的操作水平——他们要保证飞行过程中操作的正确性，同时要能在应急事件发生时正确地应对。

如果问飞行员飞机在飞行的哪个阶段最容易出事故？得到的答案一定是飞机起飞和降落的时候。原因是这两个阶段需要牵涉最多状态的变更，只要有变更，就需要有操作，而操作的时候，就是人员因素介入最多的时候，也是最容易犯人为错误的时候。

数据中心和航空也有很多相似之处，从故障的后果来看，都很严重。从造成故障的原因来看，也非常相似：① 数据中心设计和建造如果有隐患，一定会成为后期故障的隐患；② 如果设施的运维和保养没有按时做好，关键时刻设施设备掉链子，故障就是必然的；③ 据 Uptime Institute 的统计，人员操作不当，是导致数据中心故障的首要原因。

1 变更操作

按照例行维护保养计划，该进行 UPS 保养了。离保养的日期还有两周，Tom 已经提前安排准备工作：

- 制定 UPS 整体维护计划安排表。
- 根据所保养设备的重要级别和影响范围，评估确定风险等级。
- 制定相应的应急预案。
- 基于风险等级对应的通告范围，给相关部门发出设备调整通报，通报中包括调整内容、调整地点、调整时间、影响范围、应急措施、配合部门。
- 请 UPS 厂家工程师参加本次保养工作。

保养当天下午，Tom 在现场召开了由 UPS 厂家工程师、数据中心客户、设施工程师参加的最后一次会议，再次强调每个时间节点、关键点及各部门的配合界面。各部门的负责人也各自汇报了准备的情况。一切正常，唯一的小不同是，原来 UPS 厂家每次都是派张工负责他们的数据中心，张工对他们数据中心的配置很熟悉，但今天张工临时被公司派去外地出差，所以由另一位朱工来负责今天的操作。Tom 看朱工也是经验丰富的人员，就没有多想。

23:50，Tom 按计划准时下达了 UPS 维护工作开始的指令，各个部门进入了临战状态，设施运维工程师按照操作流程将 UPS 退出并机状态，检查无误后移交到下一个节点，各个节点的衔接就像团体接力赛一样，一棒完成交接到下一棒，直到跑到终点。

下一个节点交给了 UPS 厂家，厂家工程师们在朱工的带领下开始进行 UPS 的维护保养，只见他们一会儿用仪表测试电参数，一会儿用示波器测试电子器件的工作状态，并进行除尘处理，就像医生在给人们做例行体检一样，一步一步地按照程序往下进行……

UPS 维护

Tom 这时看了看时钟，又看了看贴在墙面上的维护计划安排表，基本是按照计划进行的，心里基本有底了，将绷紧的弦稍微放松了一下，伸了伸腰，嘴角露出了一丝笑容。

每一次设施的调整，都是选在深夜或者凌晨进行，主要是考虑到这段时间上网人数相对比较少，万一出事，影响范围会比较小。所有做运维的人，都已经习惯了半夜工作的状态。

2 故障

这时从监控室突然传来了报警声，刚刚还是安静的现场，被报警声打破。"不好！"Tom 对自己说。这时只见值班员小跑过来报告："出事了，1 号机房区机柜的 A 路 UPS 电源断电了，B 路 UPS 电源在正常供电。现在机柜内只有 B 路 UPS 电源在供电"。

"断电的原因找到了吗？"Tom 焦急地问。

"还没有。"

这时 UPS 厂家工程师朱工也跑过来向 Tom 报告刚刚 1 号区内机柜 A 路 UPS 电源断电的情况，Tom 了解情况后立即指示启动应急处理流程和通报机制。3 分钟后机柜的 A 路 UPS 电源恢复了供电。

UPS 维护工作结束后，Tom 立即召集了有关人员进行分析。

主要原因：A 路 UPS 系统为 N+1 配置，其中 1#UPS 维护检查完毕后在并机回退过程中，UPS 厂家工程师操作不慎导致 2#UPS 输出开关跳闸，整个 A 路 UPS 电源处于断开状态，造成 1 号机房区机柜的 A 路 UPS 电源断电。

应急处理：现场设施工程师经检查确认 A 路 UPS 具备开机条件后，重新开启 UPS 并机，并机成功，A 路 UPS 供电正常。

1 号机房区域是两路 UPS 电源供电（A 路和 B 路），虽然 A 路 UPS 电源断电，但 B 路 UPS 一直保持供电，部分服务器是双电源设备，没有受到故障的影响。但有不少客户服务器和交换机是单电源供电，而且没有配备机柜双路切换开关 RackSTS，因为本次故障，造成了业务中断。

对于运维管理者来说，最害怕出现的状态就是人员安全受到威胁和业务中断。

业务一中断，内部 IT 部门肯定要闹起来，对于第三方 IDC 来说，就要面临着向客户解释甚至赔偿经济损失的后果。虽然大部分 SLA（服务水平承诺）都允许有中断时间，但在实际运行中，所有客户对于业务中断都是"零容忍"的心态，只要有业务中断，即使是事先允许的范围，也会有各种抱怨。当然，这也是人之常情。

公司的领导，平时意识不到运维人员的存在，到了这时，都会突然意识到公司还存在一个设施运维部门。肯定要把运维负责人找来沟通。当然，这时的沟通，肯定是以批评为主。所以，运维人员一旦得到领导的关注，一般都不是好消息。

3 操作流程

Peter 在故障发生后的第一时间就得到了通知，他也一夜没睡好。第二天来到公司的第一件事就是先听汇报。

Tom 和设施工程师把事情经过向 Peter 做了总结汇报。Tom 认为导致本次故障的核心原因是 UPS 厂家工程师责任心不强导致操作失误。

Peter 问："咱们和这家 UPS 公司是有专门的保养协议吗？"

"没有协议，但我们的设备在保修期内，厂家也希望配合我们的工作，所以就有义务配合我们。"

"也就是说我们的服务协议连问责都没有明确？"

"是的。"

"那么他在操作的时候，有没有事先写好操作票？"

"他到现场后，临时写了个操作票。"

"那我们的人员是否审核过这个操作票？"

"没有，因为我们的人员的技术水平不如厂家的技术人员。所以我们一般都不审核。"

倒 闸 操 作 票

201X 年 9 月 21 日 　　　　　字第　　　　号　　第1张

发令人：朱工	下令时间	201X 年 9 月 22 日 10 时 00 分
	操作开始	201X 年 9 月 22 日 11 时 00 分
受令人：张工	操作完了	201X 年 9 月 23 日 19 时 30 分

操作任务：　　　　　　　UPS维护保养运行转维修

√	操作顺序	操 作 项 目
	1	检查UPS全部运行正常
	2	检查2#、3#UPS可带全部负载
	3	断开1UPS1的输出开关QS4
	4	断开1UPS1的蓄电池开关QS9
	5	断开1UPS1的主市电输入开关QS1
	6	断开1UPS1的旁路市电输入开关QS2
	7	断开1AT2-1（1UPS1的进线开关）并抽出挂"禁止合闸 有人工作"标示牌
	8	断开2AT4-1（1UPS1旁路开关）并抽出挂"禁止合闸 有人工作"标示牌
	9	断开1UPS1在并机柜中的出线开关并做"禁止合闸 有人工作"标示牌
	10	检查1UPS1已经退出运行
	11	检查2#、3#UPS运行正常可带全部负载

操作人：张工　　　　　　　　　　监护人：朱工

注：①填写操作票应清楚整齐，不得使用铅笔，更改处需签章；

　　②每项操作完毕后，应立即在格内画"√"标记；

　　③操作票执行完毕后，应盖"已执行"戳记，并至少保存三个月。

倒闸操作票

107

Peter 说："也就是说，我们把非常关键的操作委托给了外部人员，同时，我们还没有起到监控的职能？"他的声音不高，但对于 Tom 来说，能感觉到其中的不满。

在事件发生之前，Tom 总认为只要管理好自己的这个设施团队就可以了，通过这个事件他意识到这个管理应当包括内部和外部的全方位管理：设施团队需要管理，外部供应商和服务商也需要管理，都应纳入到一起统一来管理。就像一盘棋一样，要想全盘棋取胜，每个棋子的走法都很关键，按照流程走，步调要一致，相互配合。

Tom 马上说："我们立即制订下一步的改进计划：加强与 UPS 设备厂家之间的相互沟通，以后要提前预见在设备切换及维护过程中的各种复杂情况，避免因误操作可能造成的风险隐患，并提前做好模拟演练，以保证整个操作过程准确无误。"

4 反思

会后，Peter 回到办公室，拿起最近放在手边反复研读颇有启发的一本书，平复着自己的思绪。

这本书，是美国一位非常有名的医生阿图·葛文德写的《清单革命》。阿图认为：人类的错误可以分为两大类型。第一类是"无知之错"，我们犯错是因为我们没有掌握相关知识。第二类是"无能之错"，我们犯错并非因为没有掌握相关知识，而是因为没有正确地使用这些知识。从历史长河的角度来看，以前人类犯的错误更多是因为无知导致的。但是在过去的几十年，人类获取知识的能力有了极大的突破，现在的错误更多地倾向于无能之错。就是明明知道该怎么做，却没有做到。

研究发现，至少有 30% 的中风病人、45% 的哮喘病人及 60% 的肺炎病人没有得到妥善治疗。从医学发展的角度来说，这些病完全可以得到治疗。但在大部分医生的实际操作过程中，还是会犯各种错误。也就是说即使你知道该怎么做，正确实施治疗的各个步骤还是非常困难的。

那么是否可以把医生没有正确实施治疗步骤的原因简单地归结于责任心的缺乏呢？阿图认为并非如此。他认为这些任务本身的复杂性，造成医生在处理这些问题时的压力上升，从而更加容易出错。他认为：在大多数技术含量很高的专业领域，对于失败的正确处理方法不是惩罚，而是鼓励从业人员积累更多经验和接受更多培训。

阿图同时认为，人人都会犯错，在复杂问题面前更是如此。如何防止错误与失败？只有通过一场简单至极的变革：清单革命。所谓清单革命，就是把复杂的操作事先就充分分解成尽量细的操作步骤，在专家审核好这些步骤后，成为标准，然后就要求操作者严格按清单操作。

在医学界，清单革命的效果显而易见：一张小小的清单，就让一家医院原本经常发生的中心静脉置管感染比例从11%下降到了0，避免了43起感染和8起死亡事故，为医院节省了200万美元的成本。同时，还让医院员工的工作满意度上升了19%，手术室护士的离职率从23%下降到7%。

Peter看到这里，思路逐渐清晰，这个事故暴露出了一些管理表层上的问题。比如没有做好供应商的监控和管理，但是更深层次的问题，是运维团队还缺乏一套针对所有关键设施设备的标准操作流程和维护操作流程，国外的叫法是SOP（Standard Operating Procedure）、MOP（Maintenance Operating Procedure）。当这些流程缺乏的时候，运维操作的水平就严重依赖于具体操作的个人水平发挥。比如今天的事件就完全依赖于UPS厂家工程师朱工，朱工或许是一个很有经验的工程师，但因为他对于这个特定机房的配置不熟悉，就犯了错误。如果今天是由更加熟悉机房的张工来操作，也许就不会有问题了。

那么是否应该把宝押在这个"也许"上呢？如果借鉴阿图医生的观点，就会知道，这个"也许"，对于数据中心这样的关键应用来说，是无法承受之痛。数据中心不能承受不确定，领导的期望是万无一失，因此必须引入清单革命这样的规范管理，要最大限度降低对于人员个体水平的依赖，确保每次操作的一致性和正确性。

Peter 拿出一张纸，写下后续需要改进的几个步骤：① 对于所有的关键设备，开始组织二线技术团队拟定标准操作流程和维护操作流程；② 如果自有技术团队的技术力量不够，可以邀请厂家技术人员及第三方咨询公司顾问协助审核流程；③ 在流程确定后，对于所有操作人员及外聘的服务商人员进行培训宣讲；④ 后续任何操作，无论是内部人员还是外部人员，都需严格按该流程操作；⑤ 外部人员操作的时候，需要有内部人员在现场，确保流程得到严格的遵守。

一场针对数据中心操作流程的清单革命，即将悄然展开。

招商银行数据中心是国内首家获得 Uptime M&O 运维管理认证的金融数据中心

Chapter 9

应急处理

Tom 同学一贯的名言是："当演员就一定要火，搞机房就千万不要火"。

对于数据中心运维的同学们来说，机房里最怕的就是水和火。Tom 还真就经历过火与水的洗礼。

1 火警

"着火了，着火了！"

刺耳的尖叫声透过宽阔的走廊传到了 Tom 的耳朵里，Tom 的第一反应是这些人太过分了，这怎能开玩笑。不过也难怪，运维的人员除了管理层和为数不多的几个资深工程师外基本都是些年轻小伙子，大家平时在一起就爱开玩笑，打打闹闹的，也是工作之余的一种消遣吧。Tom 还是想着下班后的去处，今天约了朋友，是先去吃饭呢，还是直接 K 歌？他已经把"着火了"的声音从自我意识中消除了。

走廊里传来沉重的脚步声，以 Tom 与 Peter 的熟悉程度，他知道这是 Peter 来了，随着办公室的门被推开，Peter 凝重的面容首先映入了 Tom 的眼帘，他心里咯噔了一下，难道……"你怎么还在这里？" Peter 面无表情地说道，"怎么了？"Tom 下意识地说出这句话。"着火了，快随我到监控中心来。"Peter 拉着 Tom 就往监控中心跑，Tom 有点后悔自己刚才的武断，不应该没有提高警惕。

"怎么样了？什么设备？什么系统？什么位置着火了？"Peter 的一连串问题让监控中心的人员有点茫然，但还好，经过平时的演练，大家倒不是手忙脚乱，都在有条不紊地工作着。

这时，当天的值班员进入了监控中心，直接向 Peter 进行详细的汇报：主机房楼 2 层 1 号 UPS 配电室内的 A-1 路 3 号 UPS 起火，A-2 路 UPS 系统也受到殃及，旁边的电池室内有爆炸声，同时也着火了。值班员简短的叙述，听得大家都心情紧张。Peter 冷静下来，并不断地向自己重复着：不能慌乱，不能紧张。他首先想到的是 2 层的那些银行客户，看来现在只能靠 B 路 UPS 供电了。

"看事发地点的监控录像"，他下达了第一个指令。大屏迅速切换到了事发地点，但由于火势较大，浓烟迷雾的，画面上什么都没有。Peter 拿起桌面上的对讲机说"值班长、值班长，收到请回答""收到，请讲""我是 Peter，请迅速告知现场情况。""好的，我现在正在一层主配电室，已经关闭了事故 UPS 的供电开关，正在做进一步处理，现场由于比较密闭，烟雾还没有大面积蔓延，但火势确实比较大，建议马上做进一步处理。"值班长的答复让 Peter 心里有了一点底，看来还是值班长反应迅速。

"我进去看看吧"，Tom 坚定地说，Peter 看了看他，眼神中尽是期望与担心。Tom 似乎看出了 Peter 的心思，拿起对讲机后说到"没事，大家别担心，现在最需要的是全面了解现场情况，做出快速评估，马上分离故障系统，不能出现双路停电的故障，为下一步的决策提供依据。""好吧，自己注意安全，我在监控中心继续指挥"，Peter 拍了拍 Tom 的肩膀说道。

看着 Tom 的背影消失在通道中，Peter 马上又开始下达指令：

（1）监控值班员通过视频监控系统随时监控事发地点周边的情况，并跟踪 Tom 行进，如发生特殊情况，立即组织救援。

（2）同时统计公司现有人员情况，所有运维人员立即到监控中心报到。

（3）通知客服中心做好准备，随时向客户通知事态进展。

监控中心的门打开了，公司义务消防队的人员已经做好准备，穿戴好了灭火设备，队长是公司的安全管控部副经理，他用洪亮的嗓门报告："报告 Peter，义务消防队做好了准备，随时听候调遣，请指示。"标准军人的报告，符合他退伍军人的身份，Peter 从他的身上甚至看出了几分兴奋，那种向任务挑战的兴奋。

布置完这几个任务后他稳定住了局面，告知义务消防队长稍等，还要了解现场情况。这时 Peter 按照通知流程的要求和通知矩阵的关系，打通了公司总裁的电话，"报告总裁……"他言简意赅地向总裁说明了现场的情况，主要目的是得到授权，授权他必要时可以启动气体灭火系统，将大火熄灭，但是他也知道，这意味着几乎事发地点的所有设备都会受到牵连。最后，Peter 拿到了授权，但他深感责任重大，他开始期盼 Tom 的回音了。

"Peter、Peter，收到请讲"，对讲机就像了解 Peter 的心思似的，传来了 Tom 的声音。"收到、收到，请说话""我已到达事发地点，与值班长见面了，

2层1号UPS配电室人员无法进入，电池室也无法进入，但可以看到火势还在，建议马上灭火。另外，我还看到2层机房内有人员走动，可能是客户的IT人员还在调试，应该迅速清除。"听了Tom来自现场的汇报，Peter下定了决心。

2 灭火

Peter 迅速挑选了 6 个人："马上进入机房楼，两个人一层。任务是到每个房间确认有无人员，如有人，迅速清除，5 分钟内完成任务。"话音刚落，6 个值班员马上出发了。客户服务部人员马上通知相关客户，告知现场情况并得到客户的支持，通知所有相关系统的厂家，马上委派工程师到场进行支持。

"Tom、Tom，收到请讲。"

"收到，请讲。"

"马上隔离故障系统，将 2 层 A 路供电关断，不要将故障系统扩大，检查空调供电情况及运行情况，给你 5 分钟，完成后迅速退到连廊来。"

"收到，没问题。"Tom 的回答依旧很坚定。

在 Peter 布置任务时，安全管控部经理已经进来了，站在边上等待分配给自己的任务。Peter 招呼他"你去 2 层钢瓶间，等待我的指令，启动气体灭火系统，对事发地点进行灭火。"

"没问题。"经理答到，这时安全管控部副经理对经理说，"我去吧，你留下指挥。"

"不，还是我去！"两个人正在争执时，Peter 发出指令，经理去，副经理留下指挥义务消防队随时候命。为什么会争执呢？这个数据中心采用的是 IG541 灭火系统，钢瓶为高压瓶，储气压力达到 172 个大气压，一个消防分区要在 59 秒内将对应的钢瓶释放完毕，听到这些数据，谁都知道有风险啊。

安全管控部经理进入钢瓶间，对值班员说："你出去吧，我在就行了。"他又熟悉了一遍释放步骤，心里有数了。

"报告，1 层巡视完毕，没有人员""报告，2 层巡视完毕，清除了 2 个人""报告，3 层巡视完毕，清除 1 个人"。随着巡视的那 6 个人汇报完毕，Peter 拿起对讲机说到："各位请注意，各位请注意，将对 2 层 1 号 UPS 配电室及电池室进行气体灭火，请相关人员做好准备"。说了两遍之后，他向安全管控部经理下达了启动气体灭火的指令。

嘭、嘭、嘭，一声声巨响传到在场每个人的耳朵里，大家的心都揪着。1 分钟后，声音消失了。Tom 虽然没有接到指令，但还是往机房里走去了，安全管控部经理给了他一个面罩式呼吸器，自己也戴上了一个，一同往里走去。

现场的泄压阀已经打开，消防排烟风机也已经运转，但还是烟雾浓浓，根本看不到任何东西，唯一能确认的是火已经灭了。Tom 通过对讲机将现场情况告知 Peter，Peter 心里舒缓了一下，继续开始指挥现场工作。公司层级的领导也基本上陆续到达了，大家在一起商量对策。

现场的烟雾太大，Tom 等人退了出来，在会议室里向领导汇报现场情况："现场火势已经扑灭，着火地点没有扩大，故障系统已经隔离，2 层的客户没有受到影响"。领导虽然心里很紧张，但听到 Tom 的汇报还是放松了一下，看来没有出现最坏的情况。

"我最担心的是电池"Peter焦虑地说道，"电池自身就具有能量，此时电池已经发生爆炸并着火了，其他电池受到温度影响，也应该发生了膨胀，随时都有继续爆炸的可能"。伴随他话音的是大箱子落到地面的声音，相关的设备、工具已经准备完毕，包括面具、呼吸器、强光手电、工具箱、仪表、通信设备、灭火器等，义务消防队的人员正在清点设备。

Tom再次临危受命，这次与他一同前往的是义务消防队的人员。现场的烟已经稍微有些消散，但还有很多。在强光手电的照射下，大家走进了着火的UPS配电室。虽然有心理准备，但眼前的一切还是让大家很吃惊，满地的黑色污浊物，所有设备及墙上都是高温烘烤过的痕迹，着火的设备是一台UPS主机，除了外壳，基本上没什么东西了，里面剩下许多渣子。

再去检查电池室，Peter担心的情况果然出现，电池发生了爆炸，接近三分之一的电池着火了，明火灭了，但许多电池都在冒着白烟，并滋滋作响地闪动着火花，场面有些可怕，因为电池还可能再次发生爆炸。

Tom与义务消防队的人员用手提灭火器继续向电池进行喷射，试图将电池的火花消除，但效果不理想，经过请示与商量，又进来了几个工程师，大家在义务消防队的帮助下，将电池的许多端子拆掉，并反复进行灭火器喷射，经过30多分钟的努力，终于将电池的火花消除了。大家都松了一口气，终于将这个最大的隐患排除了。

Peter派人对现场进行轮流看护，将通风设施全部打开，尽快排出燃烧的烟气。时间不知不觉地已经过了几个小时，深夜的清凉并没有抵消大家由于焦虑、紧张等情绪导致的燥热。

此时，现场的处理基本结束，可以初步总结一下了，在会议室里，相关人员基本都在，会议室里坐满了人，甚至还有站着的。Peter 作为会议的主持人，将准备好的材料向大家进行通报，此次火灾事故按照时间的顺序如下表所示。

时 间	问题 / 情况	处 置
18:20	值班员在巡检过程中发现火情	迅速向值班长报告； 值班长向 Peter 报告
18:24	UPS 的电容已经发生爆炸； 同时电池发生爆炸	值班长带领人员到主配电室切断出事设备的供电
18:30	火势继续蔓延	Peter 与 Tom 到监控中心指挥工作
18:35	火势继续扩大，手提消防器无可能灭火	清除机房楼内人员，准备启动气体灭火设施
18:40	人员已经清除	启动灭火设施，火情基本消灭
18:47	火情受到控制	Tom 进入现场检查灭火情况
19:00	电池继续发出火花	Tom 与义务消防队对电池进行拆除
19:35	现场烟气很大	打开通风设施进行排烟
19:41	火情消灭	人员轮流进行看护

情况介绍还包括本次火灾的影响：

- 本次火灾只影响了 2 层 A 路供电，没有影响 B 路供电和空调供电。
- A 路供电消失后，客户的 IT 设备没有受到较大影响，但不排除单路供电设备停电的可能。

- 火灾地点的所有设备几乎都不能继续使用了，但可以控制。
- 其他相关系统进行了检查，都处于正常状态。

本次火灾设备的故障情况如下：

- 直接燃烧的 UPS 已经损毁。
- 大部分连接电缆都有烧灼的痕迹。
- 周边的 UPS 都停止工作了，供电全部中断。
- 电池基本都损毁了，其中三分之一爆炸了，其余大部分已经外形膨胀了。
- UPS 配电室内供配电的配电柜、弱电监控设备、空调等设备全部不能正常工作，有待进一步检测。

大家对以上情况通报听得很认真，Peter 讲完后，领导进行了总结发言，首先感谢大家的共同努力将此次火灾及时消灭，将影响的范围尽量缩小，处置过程是快速的、果敢的，同时也是英勇的，说明平时的演练是很有效果的，关键时刻大家不害怕、不慌张，这是值得肯定的。

会议还安排了许多工作，会后，望着大批人员的来回走动，Peter 与 Tom 互相对视了一下，两人互相搭着肩膀一起走着，虽然后续还有很多工作，如厂家的赔偿、环境的重建等，但这一刻他们挺过来了！

3 缺水报警

除了火以外，数据中心最害怕的就是水，水多了不行，但没水了也不行。

这是七月一个平静的早晨，餐厅内运维团队的工程师、准备接班的一线各岗位人员、驻场客户陆续开始早餐，夜班的值班人员开始准备进行交班准备，谁也不会料到又一场严峻的突发事件即将到来。

8点15分，动环监控室人员通过监控平台，首先发现分水器/补水器处的压力表数据异常，告警电话迅速上报到 ECC 值班室，随即报警电话分别通知到 Tom 和 Peter。5分钟内在公司的相关运维人员已经汇齐到监控室。

园区外部计划性检修断水的通知对 Tom 来说并不陌生，但还从来没有发生过真正影响供水情况的发生；面对现在的情景，是持续观察还是立即启动供水应急预案，现场的各位从各自的专业需求提出建议，屋内弥漫着紧张的气氛。

制冷工程师王工提出意见：正常状态分水器的压力应保持 0.6MPa，集水器压力大约是 0.3MPa，如果降压 0.2MPa 以上，将会产生后续状况，我们的冷塔是开式，现阶段蒸发量保持高位，随着时间的推移，如果室外的温度持续上升，蒸发量还会加大，到时冷却塔补水中断，数据中心制冷系统将面临停机风险，核心机房区的温度将快速升温，10分钟内一定会超出 SLA 规定温度，客户会打上门来讨说法的！

汇总各方意见，Peter 指向监控室墙上的《供水应急预案》告诉大家，立刻启动二级应急预案，控制状态恶化，继续观察供水情况，联系供水主管单位，并询问情况及处理进展。

询问电话打向管委会，得到的反馈是管路上的加压泵突然损坏，正在紧急抢修，预计还需一段时间，到底多长时间还不确定。

按照供水应急预案，当外部供水中断或有其他状况发生时，在园区内部采用的应急手段可暂时使用蓄水池水，以解燃眉之急；利用 800 立方米消防水为冷却塔进行补水，首先确保数据中心冷却塔用水正常。按照现有冷却塔每天的用水量，可以支撑 5 天，储水池应在恢复正常状态后及时补充到位。

4 应急处置

制冷组的弟兄们及消防监控人员，在之前的应急演练中早已熟知处理步骤，命令下达后，即分头开始执行规定的操作程序。在动力机房离冷塔最近的消火栓处接上消防水龙头，接到冷塔的接水盘，消防泵开始打压，将水池的水通过消防管路直接供到冷塔。

8点25分，园区内部应急供水处置完成，定压补水就像给一个失血的受伤者输血，使冷源有了保障，数据中心运行连续性得以实现。

黄金10分钟救援，成功避免了整个数据中心制冷系统的全面瘫痪。

8点30分，本应是交班时间，按照交接班规定，上一班事情尚未处理完成，应继续执行岗位职责，这样夜班与白班的人员共同执行应急事件处置。没有人抱怨，都在默默地守候在系统设备关键部位，严密监控着运行数据，随时听候指令，处置可能发生的状况。

值班室的电话打到管委会领导那里，得益于平时的交情，加上管委会对数据中心重要性的认识，没过多长时间，应急水罐车开进园区，难点通关了！

各岗位人员总算松了口气，开始整理《交接班日志》，组织《事件报告》。俗话说，祸不单行，就在这时，又出事了！

10点20分，对讲机里又传来紧急呼叫，供配电值班人员巡检设备时发现，园区内低压系统电源线电压高于供电允许电压偏差，达到 449.1V，高出正常值 18% 以上，而 SLA 规范的正常范围为 ±6%。

10 点 25 分，所有相关人员从各设备点汇齐到强电值班室进行故障现象分析，第一时间打通供电公司客服热线报障并询问情况。

10 点 38 分，得到供电局反馈：外电网供电系统为保障夏季用电高峰，调整线路压差，导致园区 201 路单路供电电压高于正常供电电压 18% 以上。如此大的电压异常，对数据中心各项基础设备设施来说意味着什么？核心区客户负载、弱电系统在 UPS 的保护下应该是安全的，而未在 UPS 下的用电设备则存在异常停机风险，产生的后果是不可想象的。

10 点 40 分，应急事故督导小组启动应急预案，虽然没有达到双路失电的程度，但影响程度依然是严重的。经讨论决定按照三级应急预案执行操作流程。各专业工程师把守各自负责的范围，严密监控设备状态，随时报告情况。强电工程师准备完成《倒闸操作票》，当班人员按照指令，将 201 路电源倒闸至 202 路电源，进行电源切换之前 ECC 值班人员现场通知到每一家客户。

10 点 43 分，制冷机组 5 号冷机由于电压高机组保护停机，因制冷系统双路冗余，另外一路未受影响，制冷系统单路运行，3 分钟过后，同路一台机组正常启动，保证了制冷量的正常供应。

10 点 48 分，对讲机里又传来请求支援的呼叫，一家客户不同意倒闸操作，说是在办公区有设备负载，倒闸必须请求上级批准停机时间，得到批准后方可执行。Peter 向客户现场人员讲清倒闸的必要性，要求配合应急处置。时间不等人，通过公司客服中心与客户主管领导沟通后，设备下电完成后开始进行倒闸操作。

10点54分，随着倒闸操作命令的下达，值班人员准确无误地执行操作命令，整个过程清晰到位，供电恢复正常。6分钟的倒闸过程与平时掉电应急演练丝毫不差，平时的演练成效在应急时得到充分的体现。但目前只是单路供电，如果另一路再有闪失，面临的将是双路失电。按照供电最高等级应急预案，后备油机系统已做好投入运行的准备。

14点30分，园区供水管路压力恢复正常，按照流程恢复到正常供水循环；监控平台显示数据、现场供水状况都保持理想状态，现场的紧张气氛稍有放松。

18点40分，监控显示供电异常的一路也已恢复到正常值，按照规程步骤，单路供电恢复到双路供电。

至此，一天内突遇的水、电异常全部恢复。经过大家的齐心合力，顺利处置了并发异常事件，平时的流程、规范及高质量的演练体现出功效。大家这时才发现值班室内罕见地出现三班人员同在的局面，夜班的人员没有走，白班的人员坚守在岗位，晚班的人员已经到岗。各专业工程师及各值班室的人员都已在准备《事件报告》，大家都在感慨，我们经过了紧张而富有成就感的最长一天。

著名主持人汪涵说过："我们平时不惹事，但事情来了也不怕事。"救场如救火，救火也如救场。要想遇事的时候不怕事，就需要平时扎实的基本功，以及不断的演练。对汪涵如此，对于运维人员又何尝不是如此啊。

中国电信内蒙古云计算信息园

Chapter 10

服务器上架

1 资源评估

一早，Tom 看着手里的"服务器上架计划"发起了愁，他带着手下的几个哥们儿刚连轴儿加班完成了重大变更和应急演练，正想安排大伙儿轮流倒个班歇歇，领导又给派个急活儿：业务部门要上新应用，所以新到的 200 多台服务器，要求两个星期内完成安装调试、上线运行，设施部门要配合。没辙，还得辛苦弟兄们接着加班。

Tom 把工作安排跟大伙儿一说，果然听到唉声一片，Tom 只好拿出领导的范儿软硬兼施。好在这拨弟兄跟着 Tom 干了小 1 年，关键时候还没掉过链子，牢骚抱怨一通后，开始聊正事儿。

工程师小王自告奋勇："我先对主机房服务器区域的'空电'资源状况做个评估报告吧。"

工程师小张也积极表态："那我来准备《事件申请单》吧，把本次需要完成的任务、目前机房资源情况、需要改进的设备设施条件，以及下一步的工作计划安排等做一个详细说明。"

工程师小李是个细心人："仓库内的装机配件还够不够？采购走流程需要一段时间的。"Tom 查了一下配件清单："PDU、三芯电缆、封挡盲板都不够了，今天马上向财务部提交购置以上配件的'费用申请单'，尽早启动询价采购，要是被采购流程耽误了，黄花菜都凉了。这次活派得急，下次咱们得心里有数，必须提前规划留有余量。"

正说着，供应商通知设备到货了，Tom 赶紧领着几个人指挥供应商把设备拉到装机准备间，新来的实习生小亮冒冒失失地问道："为什么要拉到这儿啊，直接拉到机房不是更省事"。小李是小亮的师傅，趁机教育他："那可不行，机房内需要保持洁净度的，机房内拆箱会产生纸屑、灰尘，进入设备里面就会影响散热通风。别废话了，赶快帮着师傅核对设备清单。"小亮虽然刚入行，经验少，人倒是挺麻利，听了师傅的话，立马拿着到货设备清单和供应商清点并核对着设备数量，服务器型号，序列号及主要配置信息……

趁这会儿功夫，小王把刚做完的机房"空电"资源评估报告交给 Tom。

（1）空间方面：机房在 C 区的二排可以放 9 个机柜，在 D 区的四排也可以再增加 5 个机柜。

（2）承重方面：最重的设备重量 280kg，小于地板承重 500kg。

（3）配电方面：配电功率最大的设备容量 9kVA，实际功率 6.3kW（峰值电流约 40A），按每机柜有 4 个配电 PDU 分两路供电，因此，落到每个 PDU（连开关）为 10A，单路供电时为 20A，远小于 PDU（连开关）额定容量值 32A。

这批设备的 14 个机柜上线后，机房功率负载将增加 80kVA 左右，这样这两路并机 UPS 负载最大时可能增加负载 7% 左右，即从现在的 24% 左右提高到 31% 左右，在合理范围之内。

（4）空调制冷方面：机房现为 16 台精密空调冗余供冷，显冷量为

1360kW，夏季平均空调热负荷比为 60%，本次设备上线后增加的热量为 80kW，此批设备上线后夏季热负荷比可能会增加到 64% 左右，仍在合理区间。

根据以上分析，机房的空电资源承载能力没有问题。

Tom 看了报告，满意地点点头，随即叫上经验丰富的两个主管老徐和老孙及设备供应商的技术支持人员一起制定"设备安装和上线方案"。

2 上架

方案提交给 Peter，Peter 很快批复同意，只是再次强调"要根据机房空间的充分利用和合理承重分布，以不产生热点为原则，确定机柜的摆放位置；根据《机房配电基线表》显示的情况，确定具体接 PDU、PDM 的列头柜分路开关。"

忙到 7 点，Tom 和团队及设备供应商总算敲定了方案和工作分工，通知大家明天 9 点准时开工。大伙儿赶紧回家休息，养精蓄锐。

第二天一早，Tom 早早出门准备 8 点赶到公司，没想到半道上不是赶上道路管制就是前方有车祸，在路上堵了快两个小时，Tom 一边跟着车流挪动一边吐槽"这真是起大早赶晚集"。正在着急上火，电话响了，刚一接通，就听见小张急赤白脸地说：出事了！原来是实习生小亮又惹祸了。小亮一早上班，看到设备厂家的两个人费劲地抬着一台笨重的 4U 服务器，累得满头大汗满脸通红，他热心地过去搭把手，却没想到自己是生手，吃不住劲儿，手一哆嗦，服务器滑下来砸脚上了！

撂下电话，Tom 气得火冒三丈。赶到公司，顾不上别的，先去看那个惹祸的小亮。万幸的是，小亮今天穿了一双又厚又硬的劳动鞋，服务器滑下来的时候厂家那两个人眼疾手快地扶了一下，小亮的脚面红肿一片，骨头没事，服务器也完好无损。Tom 松了口气，黑着脸问："咱们不是新采购了两台服务器升降机吗，为啥不用它？非得肩扛手抬？"

服务器升降机

老徐觑着 Tom 的脸色，小心翼翼地说："那两台服务器升降机刚装上，大伙儿还不太熟悉……"老徐话没说完，就被 Tom 气呼呼地打断了："公司采购升降机就是为了保证人员及设备的安全，降低劳动强度、提高工效，别出今天这样的事儿。再说那个设备使用起来特别简单，我给你们演示一遍。"

Tom 带着大家来到装机准备间，只见他将升降机推到一台 4U 服务器旁按下按钮，起重台面慢慢降下，叉入服务器底部，再按按钮，起重台托着服务器慢慢升起，然后又将它轻轻推到待装机柜前，升到对应高度推入并拧上螺丝，一会儿工夫轻松搞定。

大伙儿目不转睛地看着 Tom 的演示，感叹这台机器的方便、快速和安全，早上出事后的紧张不安慢慢散去。开始有条不紊地按照既定方案将服务器、刀笼、存储设备等一一装入机柜。

小亮刚闯了祸，又负了伤，但是没有回家休息，仍坚持继续工作，想立功赎罪、弥补过错，也不想错过这次难得的学习机会。他观察到：刀片中心是从机柜底部起 10U 位置开始安装，服务器从机柜底部起 4U 位置开始安装，服务器、存储在机柜中安装到 170cm 左右位置，机柜顶部从上往下依次可以安装配线架、交换机、加密机 PC、KVM 等低功耗设备。忍不住悄悄问师傅："师傅，既然刀片热密度这么大，为什么不把它装在最底层呢？"

师傅小王恨铁不成钢地看他一眼，还是答道："你用热像仪扫一下就知道了，机柜中温度最低的地方并不在最下层，而是在底部起 10U 至 15U 的高度。因为最下层附近通风地板向上的气流冲力大，机柜反而不容易吸进。"

这时 Tom 大声提醒大家注意："单数机柜的 UPS 输出供电线缆从机柜的右

边线槽下，网线铜缆和光纤从机柜的左边下，双数机柜则反之，以使机柜垂直走线弱弱相靠、强强相靠，避免干扰。"

存储因连接光纤和铜缆数量众多，要安装在机柜的服务器上部区域，以前有一次把存储装在了机柜下部，从上而下的上百根各色线缆把下面各台服务器的散热风机都挡住了，风机吹出的热风又把光纤给烤得软软的，真令人害怕。

设备机柜放置时应根据机柜的外型尺寸，需保证机柜的承重撑脚尽可能少地覆盖机房活动地板，以保证后期维护工作能够顺利进行。

在确定设备机柜的具体位置后，应对其进行固定（即将其支撑地脚螺栓紧固锁死于活动地板上），这样即使六级以上地震机柜也不至于发生侧翻。

忙了几天，服务器终于上架完毕，接下来将进行机柜配电工作。在机房中最可靠的故障预防措施是冗余配置，此项工作顺利完成就预示着今后一旦发生一路停电或一路检修时就能保证不会引发设备停机事故了。

老徐带着一组人对新装机柜 A 路送电，随后启动各台服务器开机，待服务器启动就绪后检查记录各分路开关的负载情况，观察各路负载都没有超过80%，在此情况下保持平稳供电半小时；然后又将 B 路送电，A 路关闭，重复以上过程，确保机房双路供电的每一路都能够单独承载所有计算机负载半小时以上，两路间的切换能够正常进行。因为这几项工作开展之前大家都一起做过桌面推演，实际操作中开展得很顺利，用了一个白天就搞定，晚上 8 点后又完成了电源加载、双路切换。

3 高密安排

　　新装设备投入运行后的第二天，Tom 带领小王和小张等对机柜各不同高层的温度及气流情况进行热像扫描，并根据扫描情况对机柜前的通风地板进行了适当调整，为了避免冷热气流的短路，机柜设备之间的空档都用盲板进行了封闭，以使机柜中不同高度的计算机设备均可以得到良好的散热降温，如果发现有送风不对位的，要及时进行处理。正准备收工，突然 Tom 接到集中监控短信告警：刀片服务器报警，小王赶紧查了一下报警码表征，是"设备温度偏高"。Tom 顿时有点不淡定了：当有局部热点现象存在时，会对设备的运行造成影响，也降低了设备的运行可靠性。由于服务器内温升过高导致服务器宕机的例子屡见不鲜。

热成像扫描

　　小张和小王在机房里又是调整风量又是调试地板折腾大半天，但是收效甚微。小张和小王悄悄嘀咕："你说通道封闭改造有效果吗？"小王不支持这个想法说："机房都运行了，这会儿改造，动静太大，有风险。"脚伤痊愈一直在边上打下手的小亮灵机一动："能不能排几根静压管把地板下的冷风直接引入到刀片服务器的刀笼之中，热点报警问题不是就可以解决了吗？"小王说："小伙子脑子真是活啊，但你这个管道打算怎么布呢，要知道这可是正在 7×24 小时连续运行的数据中心机房啊，一不小心管道没搞成反倒弄出个几级事故可不值哦。"

　　正在大家束手无策时，忙完手头的事儿被 Tom 叫来帮忙的老孙见状忙道："今天有个专家来交流高密机柜的冷却方案，正好还没走，我让他过来给支支招儿。"

　　姓廖的专家年龄不大，但脸上的皱纹和经验一样丰富。他检查了设备和机房之后，慢条斯理地说："根据我的经验，产生局部热点的原因主要是单个机柜的送风量与机柜内 IT 设备所需的风量不匹配，地板的送风量不足，无法满足设备的需求风量，造成设备无法吸入有效的冷量，使得设备进风温度升高。现在的单机柜热负载高达 8kW，而之前的设计是 4kW，意味着局部需要加大风量 CFM。"

　　小王急忙问："那怎么解决呢？"廖专家耐心解释道："导向型送风地板可以有角度地将风导向服务器机柜，显著地降低了送风旁流。68% 的通风区面积，能够提供 2600CFM 送风量。更重要的是每个垂直叶片在顶部有一个角度，将风送至服务器机架，送风的获取率（TAC）达到 93%。这意味着 93% 的风量通过地板进入面对的服务器机架，因而提供了最高的冷却能量和能力。而普通的通风地板只有 30%～50% 的送风量进入服务器机柜。这一改进使冷却能力达到每个机柜 25kW。机房设施的整体散热能力也将得到改善。CFM 上升，达到要求，同时还不需要机房改造。我今天正好带来一些样品，咱们可以安上试试，用数据说话。"

廖专家继续上课："按你们功耗最大的刀片服务器的机柜，此机柜需要实际制冷量为 7.2kW，普通送风地板冷风捕获率为 50%，冷却功率为 3kW，用普通送风地板无法实现完全冷却；而导向型送风地板的冷风捕获率为 93%，冷却功率为 10kW，用导向型送风地板机柜的冷却功率可达 10kW，轻松有余。特别是它本身带斜度的送风方向，加上机柜服务器的吸风能力，使得机柜靠底部原先不容易吸进冷风的区域也可以大量地吸入冷风，解决了机柜靠下部区域像刀片服务器这样的高热密度设备冷却不足的问题。另外，导向型送风地板的最大好处还有施工简单、工程周期短、操作方便，说白了也就是换几块地板的事情，哪怕在运行中的机房内施工也不会发生任何风险"。

已经被廖专家忽悠得动心的小王等人不约而同地看向 Tom。作为一个日益成熟的运维经理，Tom 虽然不怎么喜欢仓促决定，但眼下也只有这个方案最合适，总算能尽快解决问题了。

第二天下午导向型通风地板到货了，Tom 带着小伙伴们花了不到半个小时就全部装好了，地板下的气流顺着导向翅片直冲机柜网孔而去，在热像仪下淡蓝色的冷气流基本覆盖了整个机柜的进风面。小亮随即将报警的刀片服务器阵列复位，经过半个小时的观察，服务器过热报警再也没有出现过。

Tate 导向型通风地板安装场景图

4 变更资料更新

解决完设备过热问题，Tom 又安排大家进行最后的扫尾工作：

（1）对机房内供配电基线表档案和网络综合布线档案进行了更新。

（2）对机房 CAD 图纸就本次涉及更改的部分按实际情况进行修改，并做好更改标记。

（3）将本次系统设备上线工作经验体会等写成技术总结文档存入集中监控系统的机房知识库保存。

终于收工了，Tom 疲惫不堪地回到办公室，一面写项目汇报，一面感叹：即使是服务器上架这点事，也不可小觑。开始差点出事，好在有惊无险；后面的活儿没出啥差错，也有一波三折。运维的活儿不好干，自己作为运维的头儿，真是任重道远。

中国联通（集团）呼和浩特数据中心——联通首个国家级云数据中心

Chapter **11**

高效运行

1 绿色——从概念到实践

话说 Peter 作为绿色数据中心的专家，经常被各种会议请去讲话，久而久之，就成了业内专家，有些客户有疑难问题，也会请 Peter 去给做个诊断。这天 Peter 接到在一家知名外企上班的 Mike 的电话，Mike 是做 IT 出身的，现在还是在负责 IT，领导让他兼管机房，但他对设施的运维不太熟悉。Mike 说他们家数据中心的 PUE 居高不下，已经请了一家第三方测试公司，希望找个专家来帮着解读一下数据，以便找出病因对症下药。

Peter 来到 Mike 的公司，两人先在楼下的咖啡厅聊了一会儿。Mike 说："Peter，我这个机房当初设计的时候就已经考虑过能效问题，设计施工单位全是国际级别的，设计时候的能效说是可以做到 PUE1.8 以下。现在我这 PUE3 都不止。到底啥原因？" Peter 点头说："现在我还没有看到机房和测试数据，不敢妄自推测原因，但有一条可以告诉你，设计的能效和实际运维的能效有差异是完全可能的。所谓设计能效一般都是指在满负载、完美运行时的能效，而实际运行情况往往与这种完美状态有很大差别。就拿汽车能效为例，所有厂家都给自己的汽车标了个标准的百千米油耗。这个百千米油耗的测量环境其实都是在特别理想的高速公路，匀速 90 千米 / 小时跑下来，恨不得连刹车都不带踩一脚，这么着给你个 8.3 百千米油耗。你说你实际跑起来，有可能做到吗？另外，每个人开车习惯不一样，实际油耗也不同。原来我们公司给我配的车就是上班 5 天时公司司机给开，周末是我自己开。我发现司机开的几天里的油耗是 9.5，我开的两天就总是 11.3。每次都是这样，我就总结出来一个道理：开车习惯不一样，一定会导致油耗不同。有人在城里开车也喜欢一脚油一脚刹车的，自然油耗比人家开匀速的人高。数据中心也一样啊，设计单位给你个理想 PUE，最终能否实现，还要看运维。要找到运维中的问题，咱们还是进机房看看吧。"

两人上楼进了机房。Peter 进屋的第一感觉就是特别冷：这个机房的运行室温明显低于正常的 23℃左右。Mike 的同事给 Peter 拿过一件羽绒服，说："我们这儿冷，在机房工作时间长，都得穿羽绒服。"

Mike 给 Peter 拿来了机房布局图。实际上他们有两个机房,在不同的楼层,分别是 1 号和 2 号机房。两个机房的面积都在 1000 ～ 1200 平方米，机房和大楼共用水冷机组，水冷机组不归 Mike 管理，所以，对于冷源部分的节能措施就不是他们可以控制的了。不过 Mike 说他们机房的电费每个月就有百万元以上。对于水冷机组的空调而言，机房内制冷系统最大的能耗就是风机了。所以 Peter 打算以气流组织的管理作为抓手，来评估这个机房的能效。

2 机房气流组织现状

1号机房的面积约1000平方米，现有机柜76台，主要分布在B区和D区，如下图所示。机房配置精密空调35台，包括冷冻水和双冷源两种类型，采用地板下送风、天花板上回风的形式。精密空调除在机房四周分布外，在A、B区之间，C、D区之间也有布置。机房内未摆放机柜的位置预留了地板送风口，虽然关闭了风阀，但很奇怪的是风阀的面积要小于通风板，导致气密性不强，即使风阀全闭，仍有不少风量漏出。整个机房的环境温度偏低，送风量明显大于实际需求风量。

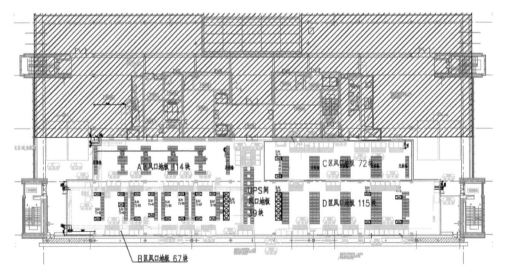

1号机房布局图

　　2 号机房的情况与 1 号机房大致相同，面积约 1200 平方米，现有机柜 207 台，如下图所示。机房配置精密空调 45 台，空调类型、送风方式和位置分布情况与 1 号机房相同。机房内预留的地板送风口同样漏风严重，整个机房的环境温度偏低，送风量明显大于实际需求风量。

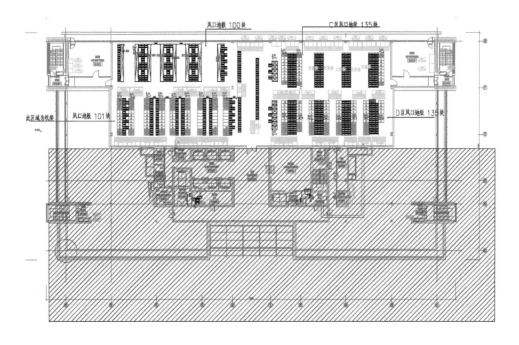

2 号机房布局图

　　Peter 先看了看第三方测试公司提供的数据：1 号机房目前有 76 台机柜，对照 IT 负载总功率，平均每台机柜的功率密度为 3.33kW；2 号机房目前有 207 台机柜，对照 IT 负载总功率，平均每台机柜的功率密度为 2.52kW。这里所说的机柜数量并未包括 IT 设备不运行或者空置的机柜。

测试公司的报告还将空调的送回风温度与机柜的进出口温度进行比较来评估制冷效率。理想状态下，机柜的进风温度应该与空调的送风温度非常接近，相应地，空调的回风温度也应该与机柜的出风温度相近。这表明在冷风输送的过程中，并没有多少冷量的损失，而在热风回到空调的过程中，也没有与冷风混合，整体的制冷效率是非常高的。但在现实机房内，这种状态很难实现，常常因为漏风、冷风旁路或者冷热气流混合，使机柜的进风温度大幅度提高，甚至高于 ASHRAE 建议的进风温度上限（27℃），不但降低了制冷效率，还由于局部热点的出现埋下 IT 设备故障的隐患。

Peter 反复琢磨了报告中的如下几个数据：

1）精密空调（CRAC）运行情况

从机房精密空调的配置情况来看，空调能提供的制冷量远远大于 IT 负载，引入制冷量系数（CCF）来评估机房的投资效率（CCF 是空调系统总的额定显冷量与 IT 负载的 110% 的比值），1 号机房的 CCF 为 12.2；2 号机房的 CCF 为 7.77。显然两个机房的 CCF 都很高，也就是说初期的投资相对于目前的 IT 负载来说投资效率是比较低的，但考虑到后期可能还有大幅度的扩容，所以也是可以理解的。

参照空调系统的配电图，测量各配电柜的功耗，得出目前 CRAC 系统的运行总功率如下表所示。

机房 CRAC 系统的实时运行总功率

机　房	CRAC 运行总功率（kW）
1 号机房	72.66
2 号机房	451.49

　　由于机房配置的是冷冻水型和双冷源型空调，每年只有 1~2 个月的时间会启动压缩机转换为风冷制冷方式（冬季），其余时间均由冷水机组来提供冷冻水（冷水机组为整个大楼供冷，机房只是其中的一小部分），所以，目前 CRAC 系统的运行总功率基本就是风机的功耗（测试当天经过巡查，并未发现加湿、除湿、加热的运行模式）。

　　2）机柜温度分布情况

　　第三方测试公司在现场测试的过程中，对所有机柜都进行了进出风平均温度测量，并使用红外热成像仪，对每排机柜至少拍摄 3 张热成像照片。从进出风平均温度的数值来看，温度状况良好，进风平均温度没有出现高于 27℃（ASHRAE 建议的进风温度上限）的机柜，但在热成像照片中，发现不少机柜在局部点位上进风温度超过了 27℃，这就意味着在机柜内会出现局部热点现象，从而给 IT 设备带来故障隐患。

　　针对部分热点现象，报告中已有详细的陈述和原因分析，如下表所示。

部分热点现象的陈述和原因分析

热成像照片	现象陈述和原因分析
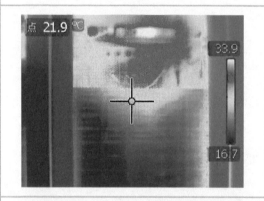	热点位置：机柜号 T1-2-03（1号B区） 热点温度：33.9℃ 原因分析：机柜上部空置，并且未进行封堵，机柜排出的热气回流导致进风温度超高
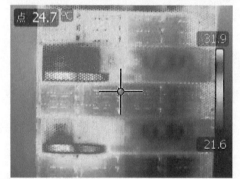	热点位置：机柜号 T2-8-04（2号B区） 热点温度：31.9℃ 原因分析：服务器之间的空置区域未进行密封，机柜排出的热气回流导致进风温度超高
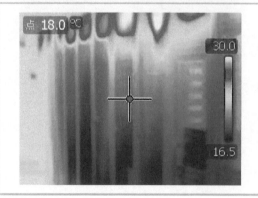	热点位置：机柜号 BJW T2-7-09（2号楼15层B区） 热点温度：30.0℃ 原因分析：机柜上部空置，并且未进行封堵，机柜排出的热气回流导致进风温度超高 热点温度：30.3℃

尽管机房内的环境温度很低，机柜的进风平均温度也在合理的范围内，但仍有部分机柜在进风面出现了局部热点，产生这种现象的原因几乎都是未在缺少 IT 设备的区域进行封堵，导致机柜排出的热气回流，使进风温度超高，加大了 IT 设备故障的几率。

3）气流组织循环情况

对于机柜来说，需要足够的冷风来抵消掉它散发出来的热量。下面的公式体现了散热量与所需冷风流量之间的关系。

$$L（冷风流量，L/S）= \frac{0.792 \times Q（散热量，W）}{\Delta T（机柜进出风温差，℃）}$$

通过对两个机房的机柜温度测量，发现 1 号机房机柜的平均进出风温差 ΔT=7.1℃，2 号机房机柜的平均进出风温差 ΔT=7.7℃。利用上面的公式，可以得出 1 号机房内机柜实际需要的冷风流量总和为 28245L/S，相当于 101700m³/h；2 号机房内机柜实际需要的冷风流量总和为 53558L/S，相当于 192816m³/h。

现场测试当天，使用风量罩对两个机房的每个送风口进行了风量测量，数据经过整理后基本信息如下表所示。

机房地板出风量统计

机　房	区　域	风口数量（个）	区域风量（m³/h）	总风量（m³/h）
1 号	A	114	39843	170668
	B	67	65752	
	C	72	24363	
	D	115	32836	

机　房	区　　域	风口数量（个）	区域风量（m³/h）	总风量（m³/h）
	UPS 间	37	7673	
	电池间	4	201	
2 号	A	100	68130	
	B	101	87875	
	C	135	154867	453727
	D	135	132771	
	UPS 间	44	9625	
	电池间	8	459	

　　实测出来的机房地板风口出风量与通过公式计算得出的机柜实际需要冷风流量相比大了很多，2 号机房实际地板出风量达到实际需求量的 2 倍多。这么多冷风都去了哪里呢？既然它们没有去冷却机柜中 IT 设备散发出的热量，那一定是扩散到机房的环境中了，这也是为什么机房的环境温度如此低，而这些扩散到机房环境中的冷风并没有起到冷却机柜的目的，也就是说被白白浪费了。造成这种现象的原因有两方面：一是机柜的实际获取风量很低，大部分冷风从地板风口送出后直接扩散到机房环境中，并没有进入机柜，而且几乎所有的预留风口虽然关闭了风阀，但漏风严重（每个预留风口都有风量值显示），造成极大的浪费，如下图所示为冷风从风口送出后的扩散示意图；二是空调的回风温度设置偏低，冷风通过机柜的 IT 设备，平均升温为 7.5℃左右（从机柜进出风平均温差的实测值可以看出），回风温度也不高，但空调仍然不停运转，送出大量冷风，所以机房过度制冷，冷量没有用于 IT 设备的冷却，而只是降低了机房环境温度，造成了大量的浪费。

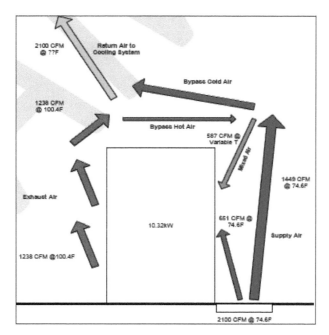

送风扩散示意图

　　对两个机房的空调送风机运行状况进行了巡查，对应风机的性能参数，将空调实时总送风量和送风口的出风量占总量的比值汇总如下表所示。

冷风送达比

机　房	地板出风口总风量（m³/h）	空调送风总量（m³/h）	冷风送达比
1 号	170668	275548	62%
2 号	453727	735232	62%

　　两个机房的冷风送达比非常一致，均为62%，损失掉的风量主要是因为地板下送风阻隔和地板缝隙漏风造成的，整体来说，62%的冷风送达比偏低，地板漏风问题值得关注。

3 现存问题与措施

Peter 仔细查勘了现场，研读了手边所有的报告和数据，然后告诉 Mike：综合以上对于精密空调运行情况、机柜温度分布情况、气流组织循环情况的测试、计算和分析，我发现机房主要有以下几个问题。

1）机柜实际的冷风获取率很低

机房空调送出大量冷风，在地板下由于送风阻隔和漏风损失了一部分，由地板出风口垂直送出后，只有一小部分到达机柜内部，其他冷风都散失到了机房环境中。空调提供的冷量一小部分用于机柜的冷却，而大部分都用于降低机房的环境温度，造成了能耗的极大浪费，这也是机房耗电量大、电费高的主要原因。

2）机柜局部有热点

即使机房整体的环境温度很低，但在个别机柜仍有热点现象。这主要是因为机柜内没有安装 IT 设备的区域并未进行封堵和密封，造成机柜排出的热气回流到机柜内部，形成了热点，给 IT 设备带来故障隐患。

3）预留风口的漏风严重

为了将来的扩容着想，机房预留了很多风口，虽然风口下的风阀处于关闭状态，但漏风严重，用风量罩测量，都有一定的数值，这些漏掉的冷风对于机房能耗来说也是很大的浪费。

4）回风温度设定点偏低，回风口少

机房空调的回风温度设定点偏低，这会导致空调长时间的运行，使能耗升高。另外，机房的回风口比较少，尺寸也比较小，不利于空调回风，也会影响制冷效率。

针对以上问题，可以通过如下措施来改进机房的能效：

- 用导向型通风板和手动风阀替换所有风口的垂直通风板。风口前有实际负载的区域，完全打开风阀；风口前没有负载的区域，完全关闭风阀，防止漏风。
- 在机柜内没有 IT 设备的区域加装盲板，进行气流阻隔和密封，防止机柜排出的热气再次回流到机柜内，避免局部热点的产生，消除 IT 设备故障隐患。
- 建议适当提高回风温度设定点，降低空调能耗，同时增加回风口的数量和尺寸，保障回风顺畅。

有了 Peter 简明扼要的分析，又有第三方测试公司大量的数据支撑，Mike 感觉踏实了很多，连连道谢，说："今天最大的收获是知道了运维对于实际能效有这么大的影响！"

中国移动国际信息港——中国移动最大的单体数据中心，同时也是电信运营商在北京地区最大的单体数据中心

Chapter **12**

获得第三方认证

1 第三方认证的价值

转眼间 Tom 接手运维工作快 1 年了。

这一年里，和团队一起飞速成长的 Tom 感觉是痛并快乐着。一方面，运维团队已经初具规模，强电、弱电、暖通等各专业工程师一应俱全。人马基本到位后，这批兄弟也很给力，经过不断的学习、培训及现场勘察，不到一年的时间吃透了有关的技术资料，各项管理制度、运维标准及流程、设备操作、应急预案等都在完善中，也算逐步进入数据中心平稳运行的阶段。Tom 自己也从菜鸟混成圈内有字号的一个人物。

另一方面，Tom 作为设施运维负责人，肩膀上扛这麼大一摊子，天天上班都如履薄冰。深知自家的数据中心从设计理念、硬件投入和机房建设上确实堪称先进，但自己和团队的运维水平离不怕火炼的千足金貌似还有距离，没啥底气。自己上任这一年来工作上没出啥大事儿，纯属火力壮、运气好。

一天加班后，Tom 带着一班兄弟吃火锅，酒酣耳热之际，Tom 问："你们觉得咱家的运维能打几分？"正忙着推杯换盏的弟兄几个被这突如其来的问题问愣了，有反应快的连忙给领导捧场："咱家的数据中心这一年大错不犯、小错常有，应该能打个七八十分吧？"有个小主管喝高了更是大着舌头嚷嚷："100分，必须的"。

"其实我一直在想，之前发生的各种事件我们虽然都及时处理了，可以算是兵来将挡、水来土掩，没有出重大事故，但我总觉得很被动、不踏实，如何才能防患于未然？怎么才能提升运维的主动性？"看着不是端杯吃菜就是默默无语的一干兄弟，Tom 忽然觉得自己在酒桌上说这些好像画风不对，有点装逼，还不如来几句实在的"哥几个辛苦了，我先干为敬"。

酒喝到位了，但是酒后的头疼伴随未能解决的困惑让 Tom 浑身不舒服。第二天午休刷朋友圈时，Tom 发现自己以前的领导、现在经营一家技术咨询公司的何总发布消息：已成功协助某 BAT 公司顺利通过国际级别运维管理认证 - Uptime 的 M&O 认证。Tom 灵光一闪：我们一直是靠自己摸索来提升运维管理水平，如果有个国际标准来对标，或许可以少走弯路，不用老是用"失败是成功之母"来安慰自己了。想到这里，拿起电话就给何总拨过去了。

Uptime 的 M&O 认证 LOGO

都是知根知底的自己人，何总就省去各种忽悠了，直截了当地介绍道："申请国际级别的 M&O 认证，让国际级的专家参照国际运维管理体系的标准系统地评估自己的运维管理水平，找到差距，明确改进的方向。这样可以提高自身运维管理的真实水平，提示数据中心的可用性。另一方面，如果能通过认证，对于自己的部门，乃至自己的公司，都是一个宣传的好机会，何乐而不为？"

Tom 觉得何总说得颇有道理，立刻兴奋地去找 Peter 汇报。

Peter 听完汇报后，觉得是个好事，但是还是有点顾虑，接着问了几个具体问题：

"我们通过认证的可能性有多大？别花了金钱和精力，最终还过不了。"

"Uptime M&O 认证和 ISO20000，ISO27001 的区别在哪里？"

"运维管理认证哪家强？"

Peter 的一连串问题把 Tom 问得张口结舌，也觉得自己有点太过兴奋，毕竟公司搞这么个项目也是要走很多流程的。连忙说道："我回去好好了解下，或者就请咨询公司过来给我们一起详细讲讲"。

接到 Tom 求助，何总当下敲定双方交流时间，迅速组织人员编写方案，并且准备亲自上阵。

会议当天，何总带着精心准备的 PPT 和手下早早赶到会议室，琢磨着一定要把 Peter 他们聊嗨了，一举拿下这个单子。

"目前咱们国内对于设施运维管理的认证服务几乎还是空白，而国际上对于 Uptime M&O 认证还是普遍比较认可的。可以说 M&O 已经是全球数据中心领域针对基础设施运维的权威认证了。此认证一向以严格著称，目前全球只有30多家数据中心通过该项认证。"

"该认证关注数据中心场地设施运维管理层面，而ISO20000/27000更关注IT层面。虽然设施和IT的运维管理在管理的基本理念（如变更管理流程）上有很多相同之处，但毕竟两者还是有很多不同之处。例如，在设施运维中的人员安全问题，这是IT运维不需要关心的。而对于数据中心的保洁管理、温湿度设定管理等技术细节，显然也是IT认证不需要关心的。所以可以说M&O认证更贴近设施管理的角度，是为设施运维量身定制的。"

"而且M&O认证更关注流程的实际执行到位，有很多认证以体系认证为主，对于被认证方来说，只要有辅导机构协助把体系文档建立好，基本就可以轻松通过认证。M&O认证则不然，整个准备过程中，辅导机构的作用固然非常重要，但同时还需要被认证的运维团队的全面参与，因为Uptime的专家在认证的时候会要求实际执行运维的团队来回答问题。从不利的角度看，这样的做法使得通过认证的难度加大；但从积极的角度看，这样的认证可以真正提升运维团队的管理水平，含金量更高。"

"我们针对贵司的运维工作做了初步摸底，发现两个问题：第一，目前运维工作都是依靠运维人员的经验在执行，流程和制度虽然都有，但散落在各个员工手里，没有成为真正的全体运维团队共享的知识体系和流程；第二，现有设施运维工作大多参照IT运维管理标准，但因为设施运维有其特殊性，并不能适应所有的IT流程，所以，公司就特别允许把设施运维的流程放到IT运维流程之外，成了'法外之地'，而法外之地就意味着本身的流程体系缺乏。"

"我司将在咨询辅导认证过程中，针对以上问题协助贵司进行运维体系优化、流程改善、人员提升，实现以下几个目标：

（1）依据国际认可的运维管理标准，分析现有数据中心的运维管理和国际标准之间的差距，为后期制定改进策略提供基本的依据。

（2）通过认证辅导及培训，从人员数量与素质的合理配置、规章制度及设备维护流程的完善、内部培训体系的健全、具体管理手段的有效实施、设备运行条件设定等几个方面提供改进的建议。

（3）辅导并协助建立完善的运维文档手册，包括管理流程文件、操作流程文件、管理制度及日常运维输出表单。

（4）最终提示整体运维管理水平并以获得认证作为里程碑，标志数据中心的运维管理能力达到国际先进水平。"

两个小时的交流很快结束了，连见多识广的Peter也觉得何总言之有物，堪称运维专家，自己颇受启发。

看着Peter满意的表情，Tom此时心情也轻松了许多。

向上级领导汇报关于认证的想法后，领导非常支持Peter的想法，并且指示务必认真准备、不走过场、确实改进。

作为项目负责人Tom责无旁贷，收到指令后，他立刻内部动员，积极配合何总的团队，进行考前准备。

2 找差距，补差距

何总派出的项目顾问小明虽然年龄不大，却经验丰富、精明强干，接手项目后，立即召开项目启动会，首先明确双方工作分工。

Tom团队的主要工作包括：操作流程的建立、管理制度的完善、文件表单的更新、记录资料的整理、体系文件的学习等；小明的团队负责运维现状调研分析、体系搭建设计、辅导文档的撰写、制度及流程的审核、体系文档的培训、审核模拟演练等。

按照认证要求，Uptime将从总部派两名认证审核顾问到数据中心现场进行审核（2~2.5天）。顾问通过现场观察、文档审核、与数据中心员工的交谈来评定人员配置和组织架构、设备维护、培训体系、计划、协调和管理、设备运行条件几大方面所要求的检查条目是否存在并被有效执行，如下图所示。

小明针对认证评估的5个要点——设备维护、人员组织、培训、计划协调、运行条件，对数据中心运维现状进行差距分析，发现如下问题：

- 机房现场：无独立的库房空间，机房内摆放大量的IT线下设备，机房IT设备线缆布线不规整，机房内设备标识不统一。
- 运维人员：配置数量不足，运维人员岗位职责范围大，运维人员加班时数过多，平行部门间配合度低。

- 设备维护：设备维护工作有序进行，但维护档案缺乏系统性，部分操作手册（SOP、MOP）需补充，对于维护工作中遇到的异常事件欠缺趋势分析和总结。
- 培训：培训体系完善，但不同岗位考核标准和考核记录需加强。
- 协调和管理：部分资料文档只有电子版，缺少纸质版；机房内的标识不明显；负载和制冷量统计及趋势分析比较简单。

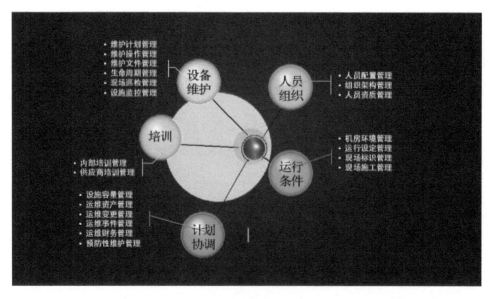

检查条目

总的来看，整个运维体系的框架存在，各方面的工作也都在做，但缺乏系统性和组织性。

即便身经百战，小明也感到时间紧任务重：需要在三个月内帮助 Tom 的团队完成对国际运维标准的理解，补充完善各项文档，整理汇总各项机房实施资料，对机房现场环境（标识、工具）进行整改，审核展示文档的准备。

　　紧锣密鼓、加班加点的两个月后，小明和 Tom 一起盘点了前期准备工作：修改各项管理文件 26 份；编写 SOP 文件 11 份、MOP 文件 20 份、EOP 文件 9 份；建立各项运维输出表单 23 份；补充完善员工培训计划、供应商培训计划、维护工作计划及完善部门组织架构文件、人员值班制度文件、设备生命周期管理文件、人员资质统计、设备清单，完善设施容量及运行参数设定文件等；整理数据中心建设资料、数据中心维护记录、设备各项验收及测试报告、厂商及外包服务商人员资质证明、维护操作手册、日常机房改造方案资料，等等。EOP/MOP 演练 10 余次，审核内部模拟演练 5 次。

　　Tom 抱着准备充分、信心十足又忐忑不安的纠结心态迎接认证大考。

3 认证

认证当天，虽然雾霾爆表，Uptime 的专家还是如约而至。双方寒暄介绍后，专家随后对数据中心现场开始了评估工作。Tom 按照平时的巡检路线带领评估专家分别进入了基础设施各个管辖区域。

"我们的机房设计建造都是参照了最新的建设标准，并且经过了严格的测试验收。"Tom 边向专家团队进行现场介绍边察言观色。

当走到高压配电室系统图前，专家团队停下了脚步，审核专家发现系统图中没有明确的版本及相关日期。

"对于粘贴在机房内的系统图的更新，你们的流程是怎么做的。"审核专家提问道。

"系统完成变更后我们会对系统图进行更新，然后重新更换粘贴。"Tom 信心满满地答道。

"对于系统图的更新，你们的分工是怎么做的？系统图更新后是否有审核人员进行过审核？"审核专家接着问道。

对于审核专家的追问，Tom 一愣。

"对于系统图更新工作，我们都是由相关系统负责人进行更新，由部门领导审核后安排打印粘贴工作。"Tom 应对道。

"机房内粘贴的系统图应有明确的版本及更新日期，便于系统出现重大变更时运维人员可以参照最新的图纸进行方案的制定。"

面对专家的质疑，Tom 开始体会到审核的难度，继续陪同审核团队一行来到了低压配电室。

在配电柜前，审核专家再次驻足，问道：

"日常巡检人员巡视配电柜时的标准是什么？"

"根据配电状态显示，巡检配电柜运行是否正常。"Tom 答道。

"建议在配电柜上粘贴明显的状态标识，当巡检人员进行巡视时只要看状态标识就能知道配电柜的运维状态，不用进行任何判断，现场摆放应急操作手册，同时保障在出现应急故障时，运维人员可以迅速参照操作流程进行操作。"审核人员给出了建议。Tom 听后也是频频点头。

一上午下来，审核团队重点从现场的安全隐患、消防全面性、标识的可视化、环境的清洁、工具配备及摆放等方面进行了细致的审核，陆续也发现了一些小问题。例如，有些使用过的工具和配件没有及时放回工具箱或库房，设备测试后没有随手将机柜门关闭，线缆的铺设问题造成机柜门无法正常关闭，地板上没有明显标识显示出地板下消防设施，等等。Peter 和 Tom 都感受到这些看似无伤大雅的小问题，实则也是日常运维管理方面的小细节，会降低运维的效率，同时对机房运行造成安全隐患。

午餐后，审核专家开始与运维团队人员进行面对面的沟通，以及文档审核。

首先审核的是人员与组织方面的内容。Peter 向审核团队展示了运维团队的组织架构图，并详细介绍了部门及人员职责。

审核专家也询问了运维团队人员的排班要求及值班管理办法。尽管人员配置上已表现得近乎完美，确保了能满足 7×24 小时的要求，但专家还是提出"加班时间过长。"Peter 听后有些不解，为了保障数据中心安全运行，Peter 一直是鼓励员工加班的。对此审核专家给出了解释"员工是保障安全运行的重要因素，加班时间过长主要有两点原因，一是岗位职责不清晰，员工分工不明确；二是运维人员数量配置不足。按照国际运维管理标准，并不鼓励超过一定时长的加班"。加班过多显然是中国企业的一个正常现象，与国际基于故障防范的理念还是很有差距的。看来理念的转变刻不容缓，Peter 不禁陷入沉思。

接着审核专家从人员任职要求、资质、值班制度、考核、交接班等方面进行了文档审核，查看了大量的过程记录，并对现有组织架构部门的设计、人员配置数量的计算、人员管理及平行部门间如何进行有效分工提出了专业建议。

接下来审核的是维护方面，Tom 对于所有设备的维护计划、巡检、监控、演练、操作流程、设备生命周期、工具备件、维护程序等也是对答如流。按照程序，审核专家查看了数据中心的文件柜，里面整齐地存放着数据中心的竣工图纸、设备开机记录、测试报告、验收报告、操作手册、巡检记录等。专家们按照文件目录一份份地仔细翻阅着。

"文件管理这项工作还是不错的，但是有关设备的操作程序方面的内容做得还是不够细致。同时维护程序细节上考虑得也不够全面。"审核专家提到。

"我们都是根据设备的分类建立的操作程序，根据我们多年经验及厂商专业指导下总结出的各项操作手册及应急预案，每一个系统都建立了相应的SOP、MOP、EOP。我们的维护人员使用起来还算是得心应手呀。所有维护工作也是按照指定的维护计划有效执行的。"Tom 不解地问。

审核专家耐心地解释道："数据中心主要设备必须制订详细的 MOP、SOP 及EOP，而详细的 MOP 对维护人员的日常工作起着重要的指导作用，并能在一定程度上防止因人为操作失误造成人为事故。MOP 的手册应该细到每一个操作步骤，而每一个步骤又是一个独立的 SOP。所以，好的操作程序不仅仅从系统分类进行建立，还要按不同型号的设备来进行分类撰写。同时，程序中的每一步标准都要有详细的说明。大家不能靠对数据中心的了解、系统的熟悉，以及日常的运维经验去操作，而是要严格按照操作程序操作，即便今天是一个新人来到数据中心，也能按照操作程序进行操作，而不出现人为操作事故。"

审核人员继续说道："再说到目前的维护程序，运维人员采用的方式都是通过电话与厂商维护人员进行沟通，安排后续的维护工作。从审核角度来看没有任何可被审核的记录来证明与厂商维护人员沟通的执行情况，从运维管理角度来看，通过电话派单的方式不便于记录与厂商的维护沟通纪录。建议维护工作中的过程记录可以采用传统的纸质记录方式，也可以采用类似 CMMS 维护系统进行记录。"

听着审核专家的一席话，Peter 和 Tom 仿佛又上了一堂生动的培训课。

第一天审核的最后一项审核内容是培训。Tom 向审核人员详细介绍了数据中心运维人员的培训计划、培训内容。在此部分 Tom 全面展示了目前数据中心的培训体系，不仅包含新员工的培训计划、年度运维人员的培训计划、设备厂商对于运维人员的技能培训及行业内经验交流，还包含每一次培训工作的参与人员、培训材料及考核记录。

展示完成后，审核人员提出"内部人员的培训已经非常全面了，对于进入到数据中心的厂商维护人员你们有没有进行过相关的培训工作呢？"

此时，Tom一边向审核人员进行详细说明，一边想起小明之前的要求之一就是对数据中心厂商维护人员进入数据中心之前进行培训工作，内容包含进入场地的各项要求、制度及相应的完整记录。不禁撇了一眼全程陪同、神情淡定的小明，两人会心一笑。

第一天的审核工作终于结束了，Peter和Tom稍稍松了口气，深感此次认证与之前通过的其他认证有很大的区别，不仅看表面的文档流程制度是否全面，还要评估流程制度的有效执行，以及员工的熟悉和胜任度。审核深度和难度都和其他认证不是一个档次的。在惴惴不安中，他们又开始了第二天的考试。

"今天我们会审核最后两个部分：计划协调及运行条件。"审核专家开门见山道。

运维团队人员根据审核专家的要求，展示了计划协调中包含的数据中心容量、财务、资产、事件、变更、预防性维护等管理工作。对这几方面Peter是比较有信心的，他们向审核专家详细介绍了容量管理：未来5年的容量计划及各个系统容量报警机制，展示了目前数据中心在用的资产管理系统，尤其要说明的是目前数据中心资产管理系统采用先进的扫码管理，并同时可使用三维立体效果进行展示。对于财务方面，Peter把年度的数据中心预算项目及安排给予了说明。事件及变更也是根据审核员的要求详细介绍了相关处理的过程及记录的展示。

在审核过程中，审核专家结合多年的运维经验，给运维团队提出了很好的改善建议。例如，事件的总结及经验的分享，变更风险评估中应对措施的制定方法，对流程中的角色及把控点，预防性维护工作中柴油、机油的定期进行抽检方式方法等。

审核工作顺利进行，很快进入到最后一部分内容：运行条件管理，要针对设备运行参数的设置、机房保洁制度、进出入机房管理制度、标识及施工改造等方面进行审核。审核专家在第一天现场评估时已经对这部分内容有了初步了解，这次要重点审核此部分记录执行的有效性，同时对现场运维人员进行提问，验证运维人员对制度了解的程度。

多半天过去，审核已经基本告一段落。最后，审核专家对审核内容及结果进行了整理汇总，并将审核工作中发现的问题点及建议项向所有参与的运维人员进行了汇报。同时对有异议的部分交换了意见。专家宣布"考试结束，最终的审核报告及结果将在三周内公布"。

4 总结

终于交卷了，Tom 和参与的兄弟们如释重负，再也不用被小明教练摧残了。可是等结果的三周时间里，Tom 等人也是度日如年，非常煎熬，他们没有了认证前的自信，也意识到了自身在运维工作中的不足。

两周后，小明兴奋地通知 Tom：认证通过了！接到这一消息，Tom 及所有的运维团队人员非常开心，也受到 Peter 和上级领导的表扬。一周后，Tom 收到了认证机构的正式评估报告：除了把专家之前的口头反馈整理总结了一下以外，还分别对需要改进和可以优化的内容提出了具体建议。当然，Tom 最关心的是报告上写明他们的最终成绩是百分制的 92 分高分，要知道，全球通过 M&O 认证的数据中心的平均分是 83 分，这个成绩是对 Peter 和 Tom 整个团队这一年的辛苦的一个非常高的认可。

除了高兴外，Tom 和运维团队也对此次认证进行了全面总结，计划逐步解决和完善报告中提出的问题。

总结会上，弟兄们除了赞美 Peter 和 Tom 决定做认证的英明决策，也纷纷表示受益匪浅：看到现有运维工作与国际运维标准存在的差距，学到了先进的管理经验，感悟到了运维工作细节决定成败，处处无小事。

下班了，Tom 走出数据中心，回头看着这座宏伟而又充满亲切感的建筑，想起自己一年前刚来公司时的"菜鸟"样，感慨万千。内心叹道：数据中心运维真是一项永无尽头、需要不断优化精进的工作！

Part 2

关键设备运维指南

数据中心场地设施系统架构图

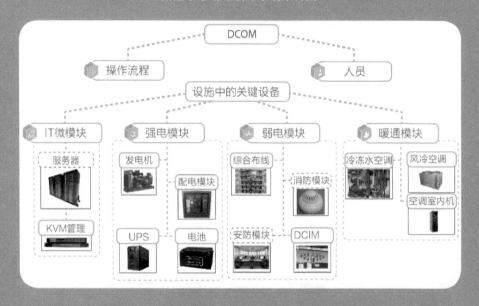

　　运维经理人可以有诗和远方，但最终还是要面对日常的工作细节。设备是数据中心设施运维的主要对象，作为运维人员，需要对设备的操作和维护关键点有非常深入的了解。因此，在第 2 部分，我们请部分关键设备供应商和专家来介绍他们认为的设备操作及维护的要点。本部分涵盖了电气部分、暖通部分、综合布线、监控 DCIM，以及一个运维操作管理平台（DCOM）的介绍。

　　本部分资料贡献者：

施耐德电气 石葆春、郭钰明　　　　康明斯 黄志杰

伊顿 王伟　　　　　　　　　　　　南都 郑荣贵

中国电信 叶明哲　　　　　　　　　艾特网能 杜华锐、苏冠华

罗森博格 孙慧永　　　　　　　　　力登 周里功

凝智科技 林晓东　　　　　　　　　上海翰纬 史磊

Chapter 1

高低压配电操作及维护指南

1 前言

  高低压供配电系统作为数据中心的生命线，只要出现几秒供电故障，就可能出现诸如有损形象、丢失用户、丢失运行的数据及造成经济动荡等致命后果，显而易见，稳定、可靠、纯净的电源是各数据中心中各种用电设备连续、正常、高效运行的重要前提。随着各行业业务发展、设备增加，新型计算机机房或数据中心机房对高低压供配电系统的安全性、可靠性、冗余性等方面提出了更高的要求。因此，配电系统具有结构设计复杂、自动化程度高、运行方式灵活、对设备质量和性能要求高等特点。但仅有复杂的设计和优良的设备，也不足以保证日后运行的可靠性，还需要建设过程中对安装调试的严格把关，以及后期日常运行过程中建立完善的巡视和维护保养、应急处理等制度。

  下面对高低压系统组成及应用、定期维保、标准操作流程、常见问题的应急处理、生命周期的管理建议等方面分别进行简单的介绍。

2 高低压系统组成及应用

　　大型数据中心的高低压供电系统由高压和低压配电线路、变电站（或配电站）及用电设备构成。一般由 10kV 中压配电柜、中低压变压器、低压主配电柜、终端配电箱、应急发电机、UPS 等主要设备组成，如图 1-1 所示。

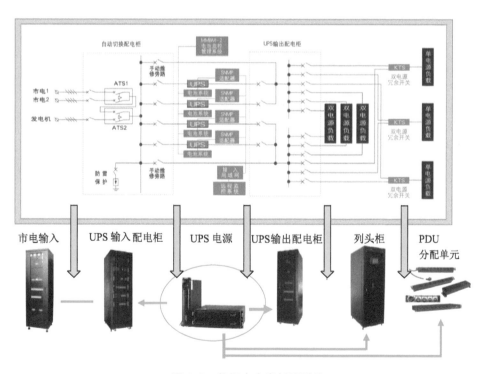

图 1-1　数据中心高低压系统

　　供配电系统按照用途一般应由三部分组成，即计算机设备供配电系统、机房辅助设备供配电系统、备用供电系统。其中，计算机设备供配电系统一般由高低压配电系统、UPS 系统、终端配电柜等组成；机房辅助设备供配电系统主要保证为计算机系统服务的其他设备的用电，包括空调设备、维修用设备、新风设备、照明设备、消防设备等组成的辅助设备；备用供电系统是在计算机机房支持供电中断或发生故障时，由备用的发电机组供电（或是双路供电中的备用一路供电）以保证计算机机房正常工作。

从计算机开始应用以来，对其供电系统的研究就成为保证计算机系统正常运行的重要课题。数据中心机房供电系统不仅要提供高质量的电源，保证供电的连续性，还应具有很好的可维护性和可管理性。目前，电源系统的复杂程度和冗余备份不断提高，同时也带来了高昂的投资成本，但这并不一定适合不同级别的用户和不同种类的负载，针对各行业设备种类和重要程度的不同，需要选择不同的供电结构来适应机房供电系统的建设和改造需求。

3 高低压设备维护保养

数据中心配电设备在完成前期建设和测试验收后，即开始了生命周期当中最长的阶段：运行阶段。正常情况下，这个阶段可能持续 20 ~ 30 年，直至设备老化无法满足安全和可靠性的要求，然后被升级改造或者完全替换。这个阶段是电气设备寿命的最主要部分。

在实践中，常常看到这样一种现象，即相同品牌和批次的设备，在不同用户现场使用过程中的实际寿命差别很大。除了受运行环境、操作频次等影响外，客户是否有日常值班巡视、是否做有效的预防性维护，往往对设备寿命具有关键性的决定作用。缺乏有效的预防性维护，除了会影响设备本身的寿命之外，还常常容易导致突发的设备故障，从而给企业带来严重的生产和经济损失。

在了解了预防性维护的重要性后，如何制定数据中心的电气设备的维护计划、针对不同设备的专业维护应该有哪些内容、如何评估维护效果等，成为运维人员关心的实际问题。

由于设备维护的技术性很强，内容很专业、很具体，执行过程中往往还需要原厂专业工具和仪器，因此，数据中心高低压系统维护一般分为自主维护和购买专业厂家外部资源进行维护保养，而甲方运维人员更多关注维护工作的计划和管理，以及在厂家维护过程中进行现场监督和提供支持。

下面分别对中压配电柜、变压器、低压配电柜的预防性维护进行简要介绍。

3.1 中压配电柜的定期预防性维护

中压配电柜的预防性维护包括一般性检查、测试验证项目和柜体维护等部分。在柜体维护方面，由于和产品结构设计、材料选择等有关，不同品牌、不同型号的产品所要求的维护内容差别很大。现以施耐德电气10KV配电柜PIX产品为例，介绍厂家级维护的主要内容。

1. 建议的检测与维护周期

配电柜运行过程中的维护检查，要视运行和环境条件而定。在正常的运行和环境条件下，在机械寿命内每2～3年进行一次常规检查维护。如果操作较为频繁，或运行和环境条件较差（如灰尘、潮湿、污染），则应缩短维护周期，每年进行一次常规检查维护，如表1-1所示。

表1-1 建议的检测与维护周期

项目类型	推荐周期	特殊情况
日常巡检	1～3次/天	在特殊运行条件下（如高温环境且负荷较大，或重要节假日负荷保证时）可根据情况加强频次
预防性检测与试验	1次/1～2年	特殊工况发生时，随时进行专项检测（如发生放电、短路、浸水、地震等）
厂家级预防性维护	1次/3年	特殊工况发生时加强维护（如运行环境高温粉尘、元件故障更换、短路事故后、浸水、地震、大修后）

2. 日常巡检的主要项目（见表1-2）

表1-2　日常巡检的主要项目

序号	巡检项目	巡检内容
1	配电室整体环境	温度、湿度、通风状况等
2	配电柜整体外观检查	柜体完整性（是否有变形、表面脱漆或腐蚀情况）；回路铭牌、标号及排列与设计相符；指示灯与仪表工作是否正常；安全锁具及操作工具是否完整
3	开关柜状态及指示检查	开关状态是否和运行要求相符合：主开关分/合状态；试验/工作状态、接地开关情况、带电指示、计/测量仪表显示等
4	保护继电器检查	保护继电器状态：工作电源正常、是否有报警信息、故障跳闸指示等

3. 预防性检查与试验主要项目（见表1-3）

表1-3　预防性检查与试验主要项目

分类	检测及试验项目	检测及试验内容
柜体	主接地检查	接地主回路完整性或电阻测试
	整柜的主回路试验	主回路电阻测试、耐压试验（破坏性试验，非必要不推荐）
	避雷装置试验	避雷器、监测仪检查与测试
	电流互感器试验	极性、变比及励磁特性曲线校核
	电压互感器试验	变比、空载电流等测试

续表

分类	检测及试验项目	检测及试验内容
柜体	保护继电器试验	校验及保护、信号、测量功能传动
	五防联锁试验	机械、电气联锁验证
	控制箱二次回路绝缘试验	兆欧表对二次回路绝缘测试电压 1000V 时间 1min
断路器	主回路试验	主回路电阻测试
	分、合闸线圈试验	直流电阻检测、低电压动作试验
	操作机构内部机械元件维护	调整、维修、润滑等深度维护（用专用溶剂，专用油脂），以及损耗件更换
	断路器控制部分绝缘试验	分合闸线圈、辅助触点、继电器、储能电机等二次元件的绝缘电阻测试
	真空灭弧室破损检查	耐压试验（破坏性试验，非必要不推荐）
专有诊断检测试验	ProDiag Procorona 电缆局部放电检测	使用专有 ProDiag Procorona 仪器带电检测局部放电情况
	ProDiag Fuse 中压熔断器特性检测（一次熔断器及 PT 熔断器）	使用专有 ProDiag Fuse 仪器，对高压熔断器进行预防性故障诊断检测
	Prodiag Breaker 断路器机械特性测试	使用专有 Prodiag Breaker 仪器，对断路器机械特性测试，并自动生成报告

4. 厂家级预防性维护主要项目（见表 1-4）

表 1-4　厂家级预防性维护主要项目

分类	维护项目	维护内容
母线室	清扫清洁	主回路、绝缘件使用无水乙醇清洁
	力矩紧固校验	母排连接螺栓力矩紧固检查，应无松动，力矩标准 70N·m
	绝缘件维护	检查主母线柜间绝缘套管、白色绝缘板、静触头盒是否有破损、放电、闪络等，并使用无水乙醇清洁
电缆室	清扫清洁	主回路、绝缘件、电缆头、互感器使用无水乙醇清洁
	力矩紧固校验	电缆连接螺栓应无松动，力矩紧固检查
	绝缘件维护	检查穿墙套管、绝缘板、电缆头、互感器是否有破损、放电、闪络等，并使用无水乙醇清洁
	接地开关维护	操作地刀、检查闭锁连杆、位置指示是否正常，辅助开关触点转换正常，触头清洁润滑
	密封性维护	检查电缆室对动物和水汽的密封性、完善封堵
手车室	清扫清洁	触头盒、帘门使用无水乙醇清洁
	力矩紧固校验	静触头力矩紧固、帘门机构螺栓、卡簧完好性检查
	绝缘件维护	检查触头盒是否有破损、放电、闪络等，并使用无水乙醇清洁
	维护润滑	对帘门机构、手车接地静触头和导轨清洁润滑
低压室	二次元件功能性检查	二次元件功能可靠，无松动、放电、烧蚀
	端子接线紧固性校验	接线紧固，端子无烧蚀、虚接

续表

分类	维护项目	维护内容
断路器	机构维护	操作机构内部检查，是否有零部件缺损，清洁机构并润滑
	二次部分检查	分合闸线圈、储能电机、继电器、微动开关等接线紧固检查
	信号板检查维护	信号板调整或更换
	机械联锁检查维护	机械联锁部分润滑验证，联锁可靠
	触头触臂检查维护	触臂清洁，动触头清洁、润滑、紧固

3.2　干式变压器的定期预防性维护

由于干式变压器与油浸式变压器相比具有结构简单、安装轻便、防火性能好等特点，在数据中心被广泛应用。在实际运行过程中，其对预防性维护的要求也相对简单。

1．建议的检测与维护周期（见表 1-5）

表 1-5　建议的检测与维护周期

项目类型	推荐周期	特殊情况
日常巡检	1～3 次 / 天	在特殊运行条件下（如高温环境且负荷较大，或重要节假日负荷保证时），可根据情况加强频次
预防性检测与试验	1 次 /3 年	特殊工况发生时随时进行专项检测（如发生超温跳闸、内部短路、浸水、地震等）
厂家级预防性维护	1 次 /3 年	特殊工况发生时加强维护（如运行环境高温粉尘等）

2. 日常巡检的主要项目（见表 1-6）

表 1-6　日常巡检的主要项目

序号	巡检项目	巡检内容
1	运行噪声	均匀平稳，与之前相比无明显变化
2	绕组温度	温控器显示三相绕组温度均匀，数值符合当前负载水平，与温度报警阈值相比有一定裕量。无过温报警提示
3	风扇运行状况	开关状态是否和运行要求相符合：主开关分/合状态；试验/工作状态、接地开关情况、带电指示、计/测量仪表显示等
4	高低压侧负载电流	高压侧三相电流平衡，低压侧三相电流不平衡率不超过10%

3. 预防性检测与试验主要项目（见表 1-7）

表 1-7　预防性检测与试验主要项目

序号	项　目	检测及试验内容
1	外观检查	检查粉尘聚集情况、干燥情况，绕组外部环氧树脂表面及内部无变色
2	发热检查	用红外测温枪或成像仪检查高压及低压电缆、母线连接处发热情况，无过热氧化迹象
3	分接头位置	三相分接头位置相同，搭接片无过热迹象
4	温控器整定值检查	报警及跳闸设定值正确。如有历史记录查看其内容，做好记录
5	风扇状态	通过温控器手动启停风扇，检查其状况

续表

序号	项　目	检测及试验内容
6	绕组绝缘测试（2500VDC）	高压对低压、高压对地绝缘电阻≥300MΩ，低压对地≥100MΩ
7	铁芯绝缘电阻测试（500VDC）	铁芯对夹件及地≥2MΩ，穿心螺杆对铁芯及地≥2MΩ
8	其他试验（非必须，选作）	绕组直流电阻、电压变比、局放试验

4. 厂家级预防性维护主要项目（见表1-8）

表1-8　厂家级预防性维护主要项目

序号	项　目	维护保养内容
1	清洁	使用干燥的压缩空气（2～5个大气压）吹净通风道中的灰尘，然后用吸尘器洗净外部灰尘，尤其注意绝缘子、下垫块等处
2	干燥处理	如果绝缘电阻低，则需要用持续的热风对变压器进行干燥处理，直至绝缘阻值恢复合格
3	电缆及母线连接紧固	用扭力扳手校验、紧固连接螺栓
4	冷却风机清洁润滑	对冷却风扇的电机进行清洁和轴承润滑保养
5	连锁锁具检查及润滑	锁具功能检查、润滑

3.3　低压配电柜的定期预防性维护

低压配电柜主要由柜体部分、功能单元（断路器、接触器等）、指示仪表、无功补偿单元等组成。其定期预防性检测与维护也主要从这些方面分别考虑。下面以施耐德电气的低压柜产品 Okken 为例进行相关介绍。

1. 建议的检测与维护周期（见表 1-9）

表 1-9　建议的检测与维护周期

项目类型	推荐周期	特殊情况
常规巡检	1～3 次/天	在特殊运行条件下（如高温环境且负荷较大，或重要节假日负荷保证时，或者切换运行方式后等）可根据情况加强频次
预防性检测与试验	1 次/1～2 年	高谐波情况下的无功补偿电容器建议每半年进行一次
厂家级预防性维护	1 次/2～3 年	特殊工况发生时加强维护（如运行环境高温粉尘、元件故障更换、短路事故后、浸水、地震、大修后）。某些具体维护项目可每 2 年、5 年做一次（详见维护内容介绍部分）

2. 日常巡检的主要项目（见表 1-10）

表 1-10　日常巡检的主要项目

序号	巡检项目	巡检内容
1	一般检查	配电室环境正常，盘柜整体无异常情况
2	盘面指示及仪表	状态指示灯指示正确，仪表显示正常
3	断路器状态	分合位置与实际运行状况相符；保护单元无报警显示；无异常噪声；负荷电流正常等

续表

序号	巡检项目	巡检内容
4	电容补偿柜状态	功率因数正常；电容器投切状态正常；谐波含量（THDi）正常；控制器显示正常、无报警记录；串联电抗器、熔断器温度正常（红外成像检查）等

3. 预防性检测与试验主要项目（见表 1-11）

表 1-11 预防性检测与试验主要项目

分类	序号	项　　目	检测及试验内容
柜体	1	一般检查	柜面无脱漆、变形；盘面标识清晰；柜内整体无异常情况
	2	主母线及控制回路绝缘电阻检查	采用 500VDC 或 1000VDC 绝缘电阻测试仪测试，绝缘电阻值应不小于1000MΩ。测试时应考虑接地方式和二次控制功能，断开相应接地
	3	接地连接检查	根据实际的接地系统要求检查系统及盘柜接地连接的可靠性；出线电缆的接地连接；盘柜门的等电位接地连接
	4	母线及电缆连接检查	用红外测温枪或成像仪检查电缆、母线连接处发热情况；用力矩扳手对主要连接部分进行紧固性检查，符合力矩要求
	5	抽屉回路机械性能检查	检查其位置指示状态及抽屉抽出、推入可操作性
断路器	1	一般检查	外观正常（连接触头无过热氧化迹象，灭弧室外无喷弧痕迹，前面板完整无缺损，框架无变形，二次端子完好，二次线标识清晰等）

续表

分类	序号	项　目	检测及试验内容
断路器	2	相与相及上下端口间绝缘检查	采用 500DC 绝缘电阻测试仪测试，绝缘电阻值应不小于 1000MΩ
	3	触头磨损检查（空气断路器）	打开灭弧室盖，检查三相触头磨损程度是否在可接受范围
	4	脱扣力检查（空气断路器）	采用专用仪器测试空气断路器主执行机构脱扣力
	5	机械操作检查	摇入摇出操作、手动储能、手动分合闸、框架夹头压紧力检查
	6	连锁功能检查	检查机械及电气连锁功能正常
	7	机械特性测试（空气断路器）	采用 Prodiag 机械特性检查仪测试储能电动机电流曲线及储能时间、分合速度、三相同期性、接触电阻、弹跳与超程等
	8	保护单元动作特性检测	采用 Proselect 保护单元测试仪对保护单元进行功能测试与选择性分析
补偿电容器	1	一般检查	电容器外观无鼓肚变形，连接电缆无变色，接触器及串联电抗器等主要元件外观正常，柜内通风孔无遮挡防尘网无积尘等
	2	主进线谐波检测（带负载）	用电能质量分析仪检测总谐波畸变率及各次谐波含量
	3	控制器设置及报警记录检查	检查其计量显示、参数设定、报警记录等
	4	电容的分相电流（带电）	手动投入时用钳形电流表测试

续表

分类	序号	项目	检测及试验内容
补偿电容器	5	分步投切时接触器状态	观察接触器投入、推出过程中的振动、噪声等
	6	分步投切时盘面指示检查	手动投切时观察功率因数、电流值、步数指示等显示变化
	7	风扇启动检查	手动启停风扇检查其功能状态
	8	温度及烟雾报警装置检查	手动测试其工作状态
	9	电容器容值测试(停电时)	用电容表测试每组电容器的相间容值，不低于理论值的 10%
	10	接触器回路电阻测试	分相测量每一路接触器的接触电阻(停电状态下，手动推合)

4．厂家级预防性维护主要项目（见表 1-12）

表 1-12　厂家级预防性维护主要项目

分类	序号	项目	检测及试验内容
柜体	1	柜内清灰	用真空吸尘器除灰，用干布及无水酒精擦拭绝缘子、电缆连接部位
	2	抽屉及插拔式功能单元夹头润滑	在连接部位（夹头、移动部分的镀银排、抽屉进线侧铜排等处）轻涂少许导电膏
	3	机械部分清洁和润滑	抽屉的定位机构、轴承、滑动导轨的清洁；只需对定位机构润滑
断路器	1	外部机构清洁及润滑	对摇入摇出机构、连锁机构等进行清洁及润滑

续表

分类	序号	项　目	检测及试验内容
断路器	2	空气断路器本体解体维护	拆解储能弹簧、分合闸线圈、储能电机、二次辅助触点、脱扣单元等，进行全面检查及清洁保养。对损耗件进行更换
	3	连接主触头清洁润滑	对本体及抽架上的触头及夹头进行清洁润滑
	4	抽架安装螺栓紧固	对抽架与柜体的安装固定螺栓进行紧固
	5	更换控制单元电池	对控制单元内部电池进行更换
补偿电容器	1	电容补偿柜内清洁	真空吸尘器除灰，用干布及无水酒精擦拭绝缘子、电缆连接部位
	2	内部电缆紧固	一次、二次连接电缆紧固
	3	通风孔防尘网更换	更换防尘网和密封胶条等
	4	熔断器插接头清洁润滑	清洁熔断器插接头、插接底座夹头，并轻涂少量导电膏
	5	故障元件及老化电容器更换	对检测不合格的电容器、熔断器、接触器等进行更换

4 高低压配电操作要点

对不同品牌、不同型号的配电设备来说，其实际操作步骤各自不同。下面仅从一般程序上对中压柜和低压柜的操作过程进行简要说明。

4.1 中压配电柜的操作流程

（1）在运行状态下，高压柜基本上无须操作，只需关注以下几点：

- 盘面指示灯状态是否正常。
- 综合保护单元是否有报警指示。
- 来自直流屏的操作/控制电源是否正常。
- 如果有智能监测系统，则可通过后台集中监控以上信息。

（2）在倒闸操作时，应关注以下几点：

- 要根据操作命令或操作票进行，并有专人监护、专人操作，严格执行"两票三制"。
- 操作时，人员站在配电柜前，确保柜门处于关闭状态，用盘面上的电合电分按钮操作高压断路器，严禁开门操作高压断路器。
- 停电时的操作顺序：先分断下游断路器，再分断上游断路器。送电时的操作顺序：先闭合上游断路器，再闭合下游断路器，为各个出线回路送电。这样做对于减少涌流冲击和系统振荡对系统设备的影响有很大作用。

- 隔离开关禁止带电操作，禁止带电开盖开门。一般的高压柜都有五防安全联锁功能，例如，断路器手车不完全摇出，则断路器室门打不开；地刀不合，则电缆室盖打不开；断路器室门不关上，断路器手车不能摇入等，切记不要试图解除连锁而进行非常规操作。

- 高压柜的断路器手车及地刀操作都需要使用操作手柄，请妥善保管和正确使用操作手柄，不要试图用其他工具代替操作手柄。

4.2　低压配电柜的操作流程

（1）在运行状态下的操作流程如下：

- 低压配电柜基本上无须操作，备自投、双电源互投、无功补偿电容投切均为自动状态（在检修维护时应试好，如不能自动要及时修复），无须手动操作。

- 在运行状态下，可对智能仪表进行翻页操作读取数据。只要不输入密码，此操作可随意进行。如果为了修改设定参数，必须输入密码，应由专人进行，并做好记录和存档工作。

（2）在倒闸操作时的操作流程如下：

- 要根据操作命令或操作票进行，并有专人监护。

- 操作时，人员站在配电柜前，确保柜门处于关闭状态，优先操作盘面上的电合电分按钮操作断路器，没有电动操作的断路器才使用面板旋钮或扳把手动操作。

- 停电时的操作顺序：先分断下游负荷，再逐级分断上游断路器。送电时的操作顺序：先闭合上游断路器，再逐级闭合下游断路器，为各个负荷送电。这样做对于减少涌流冲击和系统振荡对系统设备的影响有很大作用。

- 隔离开关禁止带电操作，禁止带电时开盖开门操作内部开关元件。

- 在带电运行时开盖开门检查时，要根据此柜的燃弧能量等级，佩戴相应的安全防护用品。

5 生命周期管理建议

　　如前所述，中低压配电柜的使用寿命与其运行环境、操作频次、日常是否有巡视及专业的维护保养、是否经受过严重故障等多方面有关，因此其生命周期并非一概而论。下面仅针对数据中心从一般情况考虑提供一些建议，如表 1-13 所示。

表 1-13　生命周期的管理建议

分类	部分	建议更新年限	说　明
中压配电柜	保护单元	10年	综保属于电子类产品，一般寿命期为 10 年
	断路器	20年或必要时	根据实际运行状况，对比产品提供的机械寿命和电气寿命
	互感器、绝缘支撑	需要时	定期预防性测试，发现问题及时更换
	柜体整体	30年	整柜一般考虑 30 年更新改造
变压器	温控器	10年	属于电子类产品，一般寿命周期为 10 年
	冷却风机	15年或需要时	根据定期预防性测试的结果
	整体	30年	正常使用的干式变压器一般考虑 30 年使用寿命

续表

分类	部分	建议更新年限	说　明
低压配电柜	电子仪表	10 年	电子类计量表计按 10 年寿命考虑
	低压断路器	30 年或必要时	其中的电子保护单元需要 10 年更新。结合实际运行情况（是否达到机械寿命和电气寿命）
	补偿电容器	5 年或必要时	根据定期预防性检测结果
	接触器	5 年或必要时	根据实际使用状况和定期检测结果
	低压柜整柜	30 年	正常使用条件下柜体寿命至少 30 年

Chapter 2

备用发电机系统
操作及维护指南

1 前言

柴油发电机组与 UPS 组成的供电系统被供电安全要求较高的金融、电信、航空等部门核心系统机房广泛采用。一般实现方法是发电机作为市电的备用电源，在市电断电的情况下将 UPS、机房专用空调、应急照明等设备的输入由市电切换到发电机，防止 UPS 后备电池耗尽引起系统供电中断。该系统不但要求发电机组自动化程度高，更要求发电机必须适应 UPS 这一非线性负载的特性，使其在无市电的情况下保证 UPS 对负载可靠供电。许多行业机房管理办法中明确提出机房必须配备备用发电机，要求其设计容量必须能够满足机房设备正常运行要求，并有适当余量。但在实际选配和使用发电机过程中，由于发电机容量不足或维护不当，会出现真正市电停电时，发电机却不能正常工作的情况。

2 发电机在数据中心中的应用

2.1 发电机供电系统组成

发电机是将其他形式的能源转换成电能的机械设备，它由水轮机、汽轮机、柴油机或其他动力机械驱动，将水流、气流、燃料燃烧或原子核裂变产生的能量转化为机械能传给发电机，再由发电机转换为电能。发电机的形式很多，但其工作原理都基于电磁感应定律和电磁力定律。因此，其构造的一般原则是：用适当的导磁和导电材料组成能够互相产生电磁感应的磁路和电路，以产生电磁功率，达到能量转换的目的。发电机组主要部件如图 2-1 所示。

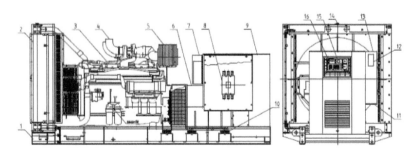

1.底座　2.水箱　3.发动机　4.排气管　5.空气滤清器　6.发电机　7.控制器选配件安装盒
8.断路器 / 空开　9.控制柜　10.减震垫　11.动力线出线盖板　12.机组铭牌
13.断路器柜　14.水箱加水口　15.紧急停机按钮　16.控制面板

图 2-1　卧式控制柜发电机组主要部件

数据中心机房普遍使用的柴油发电机组是一种独立的发电设备，是指以柴油等为燃料，以柴油机为原动机带动发电机发电的动力机械。整套机组一般由柴油机、发电机、控制箱、燃油箱、启动和控制用蓄电瓶、保护装置、应急柜等部件组成。机组整体可以固定在基础上，定位使用，也可装在拖车上，供移动使用。

备用发电机系统由发电机和配电系统两个基本的子系统组成，其中发电机由发动机、交流发电机和调速器组成；配电系统由切换装置及相关的开关装置和配电线路组成。

其中与现代柴油发电机组配套的同步交流发电机由于性能及结构的特点，普遍采用自励恒压型式，通常选用自激式同步交流发电机和PMG（永磁式）激励式同步交流发电机。在大型数据中心中，需要保护的负载容量越来越大，传统380V/400V低压发电机系统受母线、电缆限制无法满足要求，目前大型数据中心普遍使用6kV、10kV中压发电机作为后备电源，同时需要多台发电机进行并机工作。

发电机供电系统中重要部件为发电机与市电的切换装置，主要采用以下3种方式：双投刀闸、互为闭锁的断路器、自动切换装置（ATS）。

（1）采用双投刀闸切换：主要适用于用电负荷较小，供电可靠性要求较低的用户。采用这种切换，接线方式较为简单。主要应注意：双投刀闸应尽可能安装在市电的总进线处，避免因用户私拉乱接，造成向电网倒送电。

（2）采用互为闭锁的断路器切换：这种切换方式，主要适用于用电负荷较大，有专用变压器的用户。互为闭锁的方式有两种：① 利用断路器上的辅助触点实现闭锁，在这种接线方式下，对没有配备自投要求的用户，在任何情况下只能确保最多两个断路器同时合闸，并能保证使用断路器上手动操作机构强行合闸时，已合闸的断路器将被断开，确保闭锁的可靠性、安全性。② 利用 PLC（可编程控制器）和断路器的辅助触点，实现断路器的互为闭锁，以及市电与自备发电机的自动切换。因 PLC 在工业自动化控制中已得到广泛的应用，是一种可靠的控制设备，但在双电源中作为互为闭锁和自动切换使用，还是较为新颖的技术，经实际使用证明，效果良好。

（3）利用 ATS 自动切换装置进行切换：ATS 装置采用两个回路一套机构，结构紧凑，具有手动、自动操作功能。在自动方式下，当市电停电时，自动切换到发电机侧，由发电机供电；当市电恢复时，自动切换到市电侧，由市电供电。较好的 ATS 装置还具有自启动发电机，自停发电机的功能。这种装置容量有大有小，适用于供电可靠性要求较高的场合，且切换装置具有电气和机械双重闭锁，安全可靠性高，接线简单，缺点是投资成本较高。

2.2　发电机供电系统应用

在数据中心中，最常见的发电机供电系统是采用分布式低压柴油发电机供电架构。该配电系统分别由高压、低压系统组成，其中高压子系统为双路高压进线，低压子系统为"双路市电 +ATS+ 发电机"的双母线运行方式。

对于用电量较大的数据中心，目前一般选用集中式中压并机发电机系统，可采用分组并联分段提供后备电源或全部并机为两路市电统一提供后备电源模式。其原理是多台中压柴油发电机并机成功后再分别和 1、2 段中压母线做投切。

正常情况下任何一路外电停电，则由另外一路市电带起所有负载，当两路市政电力均处于故障状态时，多台发电机同时启动，完成并机后为 10kV 两段母线供电。在发电机成功输电 30 秒后，控制系统会根据负载情况判断，当低于总功率 30% 情况下，逐步减少发电机台数，最终会以最小台数发电机运行的形式向母线供电。该架构特点如下：

首先，负荷通过控制将多个变压器逐个分时投入，相对于多台柴油发电机并机后的逐个变压器渐进加载，对集中式柴油发电机的负荷冲击并不算大。其次，采用集中式中压柴油发电机方案，负载还可以根据重要等级，以及系统最小加载量等优先加载或卸载，所以，对于集中式中压柴油发电机并机系统谐波引入的瞬时负载冲击也不大，通常大多能正常逐个带载成功。再次，传统数据中心内部对功率因数大于 0.9 的要求，谐波较大的变压器多带有电容补偿装置，采用就近补偿方式到中压侧总体 PF 值较高。最后，偏感性的冷机、冷塔、水泵等电动机类负载和偏容性的高频 UPS、高压直流、开关电源等负载特性互补，功率因数得到优化，也减少了总柴油发电机系统容量。

3 发电机组的保养与维护

在后备式的电力应用中，柴油发电机组在 10 秒内可以启动并满载工作，在正确的维护保养措施下，通常在大修前可以工作 30000 小时以上。尽管柴油发动机的性能很杰出，但和其他机械设备一样，为确保柴油发电机组在需要时能够可靠启动和正常运行，科学合理维护保养是至关重要的。具有内部技术人员的业主应经常对柴油发电机组进行预防性维护，反之，则应与设备供应商的授权服务供应商或者电力系统经销商签订维护合同，尤其是在多个地点安装使用发电机组情况下，对于发电机组设备的维护保养及测试工作，推荐由有资质的技术人员来完成。

3.1　发电机组安装、验收

发电机的安装总体要求如下：

（1）发电机需符合 ISO 3046、ISO 8528 标准，安装主要考虑承重、对周围居民环境的噪声（降噪）、柴油燃烧进排风等，同时需要关注储油罐和日用油箱容量配备及消防安全。

（2）发电机组的安装范围包括（但不限于）系统装置的组合设计、供应、运送、安装、调试及维修等项目。

（3）供货范围：发电机组及相关的连接电缆、安装所需的材料、管理软件等，也包括远程监控用的网络连线。

发电机组现场验收要求如下：

（1）设备吊装定位验收要求如表2-1所示。

表2-1　设备吊装定位验收要求

项次	检查项目
1	各设备吊装时是否损坏
2	各设备放置是否依照图面
3	发电机避震器是否安装正确
4	各盘体安装顺序是否正确
5	各设备是否依照需求正确固定
6	各设备固定后水平仪校正

（2）发电机室燃油管路安装工程验收要求如表2-2所示。

表2-2　发电机室燃油管路安装工程验收要求

项次	检查项目
1	日用油箱尺寸是否正确
2	油管材质及尺寸是否正确
3	各油阀材质及尺寸是否正确

项次	检查项目
4	油管布置及固定是否正确
5	油管是否进行耐压力试验
6	油管是否泄漏
7	油管接地系统是否完成

（3）发电机冷却水系统安装工程验收要求如表2-3所示。

表2-3　发电机冷却水系统安装工程验收要求

项次	检查项目
1	冷却水管路材质及尺寸是否正确
2	各阀件材质及尺寸是否正确
3	冷却水管路布置及固定是否正确
4	冷却水管路是否进行耐压力试验
5	冷却水管路是否制作排污管路
6	冷却水管路是否泄漏

（4）发电机室保温、排烟管等工程验收要求如表2-4所示。

表2-4　发电机室保温、排烟管等工程验收要求

项次	检查项目
1	保温岩棉材质及尺寸是否正确

续表

项次	检查项目
2	保温金属外皮材质及尺寸是否正确
3	保温组合结构是否正确
4	排烟管材质及尺寸是否正确
5	排烟管布置及固定是否正确、是否泄漏
6	排烟管消音器安装是否正确
7	排烟管是否有泄水装置

（5）发电机外观检查。机组的焊接牢固，无焊穿，焊渣必须清除干净；涂漆部分的漆膜必须均匀，无明显裂纹和脱落；电镀件的镀层必须光滑，无漏镀斑点、锈蚀等现象；机组紧固件须不松动，工具及备件必须牢固；机组无漏油、漏水及漏气等现象；提供各种定额值之铭牌。

（6）测量绝缘电阻。测量各独立电气回路对地及回路间之绝缘电阻，用兆欧表测量。测量结果必须符合规范要求。

（7）发电机控制系统验收要求如表2-5所示。

表2-5　发电机控制系统验收要求

项次	检查项目
1	辅助盘体各仪表、灯号、开关等是否正常
2	电缆及控制桥架安装、布置及固定是否正确

续表

项次	检查项目
3	辅助控制盘功能测试是否正确
4	低压电缆及控制线材质及尺寸、布置是否正确
5	高压电缆线材质及尺寸、布置、接地、耐压测试是否正确

（8）检查常温启动性能。启动前检查发电机的各种安全保护，确定所有部件是否安全，是否上紧，支架、管夹是否固定到位，传动皮带、风扇等转动部件的护盖是否盖好。在常温冷态下，采用机组的启动装置，按使用说明书规定的方法分别启动机组 3 次，每次间隔 2 分钟。启动机组运行 8 ～ 10 分钟，检查发动机有无机油、冷却液和燃油、进气、排烟的泄漏，有无异常噪声、异常振动等现象。同时记录环境温度、空气相对湿度、大气压力、机油温度、启动次数和启动时间。

（9）检查相序。用相序指示器在发电机和控制屏的输出端检查，检查结果必须与机组输出标志相符。

3.2　发电机组维护保养的注意事项

（1）给机组做维护保养，应佩戴安全防护镜、防护手套、头盔、钢趾靴和防护服等人身保护设备。

（2）给机组做维护保养前，应注意如下事项：

① 断开启动蓄电池负极（－）电缆并用绝缘胶布包好，建议同时按下机组的急停按钮，以免保养期间机组意外启动危及人身安全。

② 用红外线温度检测仪检测机组各部件的温度，确认部件温度降到环境温度后，方可进行相关维护保养工作，以免烫伤。

③ 确认有效隔离所有外部供电。

（3）检查、添加、排放机油和柴油时，切记避免意外吞入、吸入机油和柴油及其气雾，以免致癌及其他毒害隐患。

（4）进入发电机组机房内维护保养时，应避免踩踏发电机组上任何部件，以免损坏机组部件或造成液体、气体泄漏隐患。

（5）对蓄电池维护保养前，请确保电池区域通风良好，维护保养时严禁电池周围电弧、火花、吸烟等现象，杜绝爆炸事故及其隐患。

（6）维护保养结束后，应检查排烟管隔热外罩，如果发现外罩被燃油或机油污染，则必须在发电机组开机前更换，以降低产生火灾的危险，最后应恢复或确认电池负极正常连接，急停按钮恢复正常位置。

3.3　发电机组常规检查

发电机组运行时，操作者需要格外留意那些可能导致不安全甚至危害性状况的机械故障。下面是需要经常检查以确保机组安全可靠运行的注意事项。

1. 排气系统

发电机组运行时，检查排气系统，包括排气歧管、消音器及排烟管路。检查所有连接、焊接、衬垫及接缝处是否有泄漏，确保排气管没有导致周围的区域过热。发现任何泄漏，立即予以修复。

2. 燃油系统

发电机组运行时，检查燃油供油管、回油管、滤清器以及管路附件是否存在裂缝或磨损。同时必须确保管路不与其他零件产生干涉、摩擦，这很有可能会最终导致管路破损。发现任何泄漏、干涉情况必须立即予以修复或者调整管路走向。

3. 直流电气系统

检查启动电池的端子，确保整洁及紧固连接，松散的或者被腐蚀的连接会产生内阻，导致启动困难。

4. 发动机

必须定期检查液位、机油压力及冷却液温度。绝大多数的发动机故障会有早期征兆。如果发现发动机出现了性能、声音或者外观上的变化，往往是该设备需要进行维护或者维修的信号。尤其需要重点注意：点火困难、振动、排烟过浓、功率下降及油耗的上升。

5. 润滑系统维护

发动机停机状态下，定期检查发动机机油液位水平。为了准确读出油尺读数，发动机停机后必须等待大约 10 分钟，这样使得机体上部机油流回曲轴箱从而确保液位读数的准确性。严格遵循发动机厂商推荐的 API 机油的等级及黏度，添加机油时必须确保添加同品质、品牌的机油。

6. 冷却系统维护

发动机停机状态下，定期检查发动机冷却液液位水平。待发动机冷却后拆掉水箱盖，如果有必要，应添加冷却液至水箱盖以下 3/4 英寸。经常运行的发动机需要一定配比的水、防冻液和添加剂所组成防冻液和添加剂所组成的冷却液。最好使用发动机厂商推荐的冷却液。检查水箱的外围部分是否有阻塞，必须用软刷或者软布去除异物，必须小心操作，避免损坏管路。如果条件允许，使用低压压缩空气或者水柱在与空气流向相反的方向清洗水箱。通过检查高温冷却液是否能从出水软管中排放出来以验证冷却液加热器是否正常运行。

7. 燃油系统维护

长期存放的燃油会趋于变质，因此，通过每年定期的启动、运行、测试等维护作业能够确保燃油在其变质前得以使用。除了发动机厂商推荐的其他燃油系统维护之外，必须定期更换燃油滤清器。油箱中的凝结水和其他沉积物也必须定期予以排放、清除。

8. 空气增压管路

应该定期检查是否有泄漏、裂缝或者连接松动。必要时紧固卡箍。同样，检查空冷器是否有异物阻塞管路，检查是否有裂缝或者其他损坏。

9. 发动机进气组件

应该定期进行检查。空气滤清器的清洗及更换频率主要由发电机组的运行环境所决定。通常空气滤清器都包括一个空气滤芯，如果没有损坏，可以进行清洗并再次使用。

10. 启动电池

亏电或者未充电的启动电池往往是备用电源系统最常见的故障原因。即使持续充电并定期维护，时间长了，铅酸蓄电池的性能也会随着时间的增长而恶化，当其无法正常充电时必须立即更换。只有定期的检查计划及带载下的启动测试才能避免发动机组的启动问题。详细电池及充电系统相关检查，可参考本书蓄电池维护相关内容。

3.4　发电机组定期运行

备用发电机组从冷启动到满负载运行必须在几秒内完成，这样的应用要求对发动机的零部件而言是一个巨大的挑战。定期的启动、运行发电机组可以保证发动机零部件的润滑，防止电气触头的氧化，消耗燃油避免其长期存放变质，是保证发电机组可靠启动的重要举措。至少每个月都应该启动一次发电机组（空载运行），每季度带载运行一次，并保证带载不低于1/3标称功率且持续时间30分钟以上。小型发电机组由于未充分燃烧的燃料会在排气系统堆积，空载时间应尽量缩短。

3.5　发电机组定期保养的方法

一般常见的发电机组不正常运行现象包括润滑油油压低，功率低，水温或油温不正常，发动机噪声异常，剧烈冒烟，冷却液、燃油或润滑油使用过度，冷却液、燃油或润滑油泄漏，点火失效，振动、排放烟雾过量等；这些都与定期维护保养不到位有关，一般建议每半年或每年应进行发电机组的深度保养。下面以康明斯发电机组为例介绍定期维护保养方法，作为自行维护或购买服务时参考。

1. 检查发动机外观

检查发动机冷却液、燃油、排烟等系统连接部件有无松动、损坏现象，如有应立即紧固、更换。

2. 检查机油油位的方法

机组停机状态或运行状态停机至少5分钟后，拔出机油油位标尺，确认油位在油尺的"L"（低）与"H"（高）标记之间，油位偏低时应及时补加机油。

3. 检查冷却液液位的方法

打开冷却系统压力盖，检查冷却液液位，冷却液液位明显下降时，加注冷却液，使液位升至散热器或膨胀水箱的加注颈口下部，切记添加冷却液前应先确认冷却液温度至少下降到 50℃。补充完冷却液后，安装冷却系统压力盖。

4. 目视检查冷却风扇

目视检查冷却风扇是否有开裂、螺丝松动、叶片弯曲等异常现象，如风扇有损坏等异常现象，应与供应商联系及时处理。

5. 检查发动机冷却液加热器工作是否正常

若加热器工作电源正常但温度过低，加热器可能未工作，应及时消除故障恢复加热器正常工作。

6. 检查发动机进气滤清器的方法

一般空气滤清器指示计在空滤组件上或组件与涡轮增压器之间，随着滤芯灰尘的增多，指示计窗口内累积计量逐渐上升，当空滤指示计窗口内累积计量超过设定值时，需要更换或清洁空气滤清器的滤芯。

7. 检查进气管路有无松动

检查进气软管是否有裂纹、穿孔，卡箍是否松动，必要时拧紧或更换部件以确保进气系统无泄漏；检查卡箍下的软管是否腐蚀，必要时更换该部件以免污物进入发动机内。

8. 如果配有燃油系统油水分离器，排放出里面积水的方法

需要放水时，将放水阀逆时针方向旋转大约两圈，滤清器内的积水排放到流出干净的燃油时，顺时针方向旋转关闭放水阀，但不要过分拧紧以免损坏螺纹。

9. 排放出燃油箱中沉淀物的方法

根据实际需要，参照图2-2，先用板子拧开油箱的油排丝堵，直到放出燃油时，关闭排污阀、恢复丝堵。

图2-2　排放出燃油箱中的沉积物

10. 检查蓄电池及直流启动系统的方法

检查电瓶接线柱是否干净，连接是否紧密，如有不洁、松动等现象，应进

行清洁并重新连接电瓶缆线；检查直流启动系统各线束连接，更换损坏的线束；检查蓄电池与交流充电机的连接；目测检查充电机皮带，确认无松弛或裂缝等非正常现象。

11. 更换发动机机油的方法

关闭发动机，并确认机油温度至少降低到 60℃；打开机油加油口盖，参考图 2-3，拧开机油排丝堵，打开机油滤下白色的机油排污阀，操作手动油泵排出油底壳中机油；机油完全泵出后，关闭白色排污阀，清洁油排丝堵螺纹和密封面，安装并拧紧丝堵（扭矩 45 牛每米）。

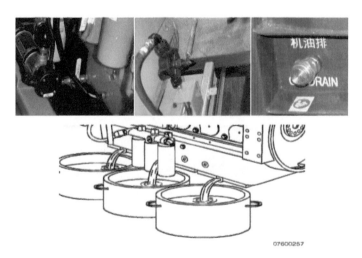

图 2-3　更换发动机机油

拧开机油加油口盖，添加新机油，通过油位标尺检查机油油位，油位上升超过"L"但低于"H"时，停止加油，盖上加油口盖。

12. 更换机油滤清器的方法

参考图 2-4，使用机油滤清器扳手卸下全流量的旁路机油过滤器，若不需要进行过滤器失效分析，则可按当地相关法规处理换下机油滤清器。

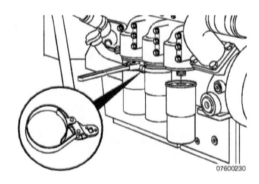

图 2-4　更换机油滤清器

参考图 2-5，用不起毛的布，清洁机油滤清器头部的密封面。

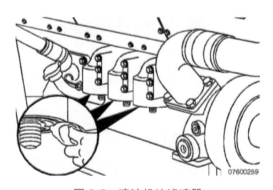

图 2-5　清洁机油滤清器

参考图 2-6，用机油润滑滤清器的橡胶密封，然后用清洁的机油补充机油滤清器（康明斯建议使用佛列加等高品质的机油滤清器）。

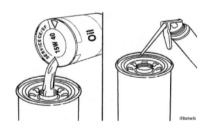

图 2-6 润滑滤清器的橡胶密封并补充机油

参考图 2-7，按照生产厂家的要求安装机油滤清器。

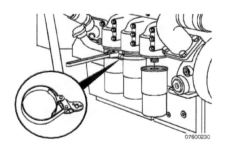

图 2-7 安装机油滤清器

13. 更换燃油滤清器的方法

用过滤器扳手拆下燃油滤清器，如图 2-8 所示。

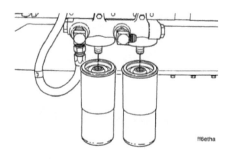

图 2-8 拆下燃油滤清器

拆下螺纹接头密封圈，然后用干净的无绒布擦拭与垫片配合的表面，除去任何碎片或污物，如图 2-9 所示。

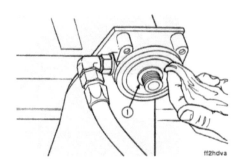

图 2-9　擦拭与垫片配合的表面

在新的燃油过滤器上安装一个新的螺纹接头密封圈，必须组合安装燃料－水分离器或燃料过滤器和水分离器，用清洁的燃料填充过滤器，如图 2-10 所示。

图 2-10　安装一个新的螺纹接头密封圈

安装过滤器，在垫片接触到过滤器头部的表面后，再拧紧 1/2 ～ 3/4 圈，打开燃油切断阀，检查有无泄漏，如图 2-11 所示。

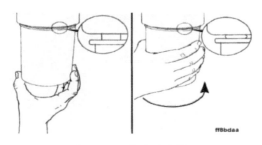

图 2-11　安装过滤器

14. 更换水滤清器、发电机空气滤清器

参考上述机油滤清器、燃油滤清器的更换方法，检查水滤清器、空气滤清器，根据现场情况进行清洁或更换。

15. 检查发电机组控制箱及各部的接线

检查确认机组控制器箱无任何不正常痕迹或现象，清洁控制器箱，检查并紧固所有连接插件；清洁机组输出电缆箱、断路器柜及其控制屏，检查并紧固电力电缆及所有线路接头；测量并记录发电机绕组绝缘，检查发电机加热器和轴承；手动检查操作机组断路器，并根据厂商说明书验证自动跳闸机构。

16. 拆卸冷却风扇，检查风叶情况

风扇叶片故障会造成人身伤害，拆卸冷却风扇（注意不能拉或撬动风扇，否则会损坏风扇叶片并造成风扇故障）；清洁风扇及叶片；同时检查风叶是否有裂纹、铆钉是否松动、叶片是否弯曲和松动，检查风扇并确保其安装牢固，必要时拧紧螺栓。

17．清理水箱散热器污物，保证散热性能的方法

清理散热器外部堵塞物；拆卸可拆卸端板，清理散热器芯周围的堆积物和灰尘；按如下提示，用工业高压热水清洗机清洗散热器芯：

高压清洗机使用其制造商推荐的、不含氨的专用去脂添加剂；清洗水流方向应与机组运行时排风的方向相反；清洗时高压喷嘴离开散热器芯表面少450mm，清洗压力超过206Pa时，必须增加喷嘴与散热器芯表面的距离；清洗时高压喷嘴与散热器芯表面必须成直角。

Chapter 3

UPS 维护指南

1 前言

从某种程度上说，供电系统的安全、稳定对数据中心业务应用的影响是处于首要地位的，如果在工作期间突然停电，计算机内随机存储器中的数据和程序就会丢失，更为严重的是，如果此时计算机的读/写磁头正在工作的话，极易造成磁头或磁盘的损坏。同时，电网中的一些强脉冲尖峰、高能浪涌等干扰也会引起计算机的误操作而造成不必要的损失。另外，当遇到突然停电时，计算机内部的滤波电容放电只能维持计算机工作 8 ～ 10ms，如果超过这个时间，计算机就进入自检重启动状态。为了避免出现这些情况，必须设计一种电源系统，它能在停电后的 10ms 以内恢复对负载的供电，这就是近年来出现并广泛使用的 UPS 系统。UPS 系统经过多年发展，在其性能指标完全满足计算机网络设备要求的情况下，真正能为用户带来价值的是其可用性。供电系统可用性包含：供电系统中设备的可靠性、可管理性和可维护性。可靠性高、便于管理、故障后可快速修复等，都意味着给用户更多的正常使用时间，把故障后不可用时间降到最低限度。据统计，40% ～ 50% 的计算机故障是因为电源的故障和干扰造成的。目前大型数据中心机房选用的 UPS 在性能和可靠性指标（如工作效率、输出能力、平均无故障时间和使用的半导体功率器件的容量规格等）上都能满足要求，UPS 产品的平均无故障工作时间（MTBF）可达 20 万～ 40 万小时，但投入运行后却屡屡发生故障。究其原因，很重要的一点是维护工作存在问题。下面结合维护经验进行详细讨论。

2 UPS 系统的作用

UPS 的作用主要有以下几个。

（1）不间断切换：市电中断的情况下，能利用自身所带的蓄电池通过逆变电路将直流电转换为交流电给计算机及网络系统供电，保证计算机及网络系统能正常运转。

（2）隔离作用：将瞬间间断、谐波、高压浪涌、电压波动畸变、电磁干扰、频率波动及电压噪声等电网干扰阻挡在负载之前，既使负载对电网不产生干扰，又使电网中的干扰不影响负载。

（3）电压变换作用：输入电压等于或不等于输出电压，包括稳压作用。

（4）频率变换作用：输入频率等于或不等于输出频率，如 50Hz/50Hz、50Hz/60Hz，包括稳频作用。

（5）提供一定的后备时间：UPS 的电池存储一定的能量，在电网停电或间断时继续供电一段时间来保护负载；后备时间为 10 分钟、30 分钟、60 分钟或更长。

其中，（1）和（5）是保证对负载供电的连续性；（2）、（3）和（4）是保证对负载供电的质量。

3 UPS 系统安装、验收

1. 设备安装

（1）确保供应商提供的全部设备将按用户要求交货。

（2）供应商应提供符合系统测试要求的测试程序、诊断程序。

（3）测试结果应记录并双方签字确认。测试中发现的失败或错误应由供应商负责解决，否则系统将被视为不能验收。

（4）在安装、调试及测试过程中，用户将派技术部工程人员参加。供应商的工程师或技术专家有责任回答用户所提出的技术问题。

（5）在保内运行期间如出现由于供应商的责任而引起的 UPS 硬件、软件失效，供应商应立即给予解决。

2. 设备验收

（1）查看设备数量和类型应与合同相符，在运输过程应无明显损坏。

（2）资料齐全。

（3）诊断测试程序运行通过。

（4）在完成安装所有设备的自检和联机测试之后，供应商将对所有设备进行联调和系统测试，测试主机、电池和配电柜的性能，使其按技术要求正常工作，确保硬件系统集成工作的完成。

（5）硬件系统的集成过程中，若因缺少某些部件而导致达不到系统集成的设计指标，供应商应无偿提供这些部件，使电源系统完全满足设计要求。

建议按照表 3-1 所列的要求进行 UPS 系统安装及现场相关具体测试、验收。

表 3-1　UPS 系统安装及现场相关具体测试验收

现场测试项目	测试内容及要求
安装检测和内部连接检查	根据 UPS 安装规范检查现场的施工工艺和施工材料是否满足设备使用要求。检查内部电缆的连接、绝缘和接线端子的质量。完成绝缘测试和设备设置（包含整流、逆变和静态旁路），UPS 应该完成一个 24 小时的空载测试后再进行下面的测试
轻载测试	轻载测试保证设备连接正确及功能运行正常
UPS 辅助设备测试	UPS 的辅助设备（如照明、制冷、泵风机和报警装置）功能测试应在轻载测试同时进行
同步测试	本测试适用于 UPS 系统需要和外部电源同步的情况。频率波动可以通过使用频率发生器和模拟电路实行。同步时，逆变器和外部电源的相位差应参考生产厂家的指标测量和检测
输出频率检查	在与外部电源同步时，检测输出频率的变化率
市电停电测试	通过切断输入电力或同时断开整流器和旁路的开关测试在电池或其他直流电源的供电下设备的运行情况，根据参数表测量输出电压和频率的波动。UPS 应该在缺相和相序错误的情况下不被损坏

续表

现场测试项目	测试内容及要求
市电恢复测试	通过恢复输入市电或闭合 UPS 的整流和旁路开关执行市电恢复测试。测试在市电恢复时设备的整流器工作正常，包括缓启动功能，同时检测交流输出电压和频率
模拟并机系统一台 UPS 故障测试	本测试适用于并机冗余系统。通过模拟系统中冗余的 UPS 的故障（如逆变器半导体故障）同时检测输出电压的瞬闪和频率满足指标的要求
切换测试	测试带静态开关的 UPS 系统的能力，在适当负荷条件下，通过故障模拟或输出过载负荷应切换到静态旁路并在故障消失和过载排除后能够自动或手动切换回正常供电。检测输出电压瞬闪并确认满足指标要求，监控在操作时旁路和逆变器的相位差并记录波形
满负荷测试	负荷测试通过在输出端连接等于额定负荷的负载实施，可以使用假负荷或真实负荷。容量大的并机系统可以单独对每台设备或整个系统同时做容量测试 如果实际负荷可用，需要检测在节约负荷下电压的偏离及稳定负荷下电压和电流的谐波含量
UPS 效率测量	效率可以通过测量在正常运行状态下输入和输出有功功率的计算得到
不平衡负荷测试	在不平衡负荷下测量输出电压的不平衡度、相位差或通过测量线电压和相电压计算出相位差
平衡符合测试	平衡负荷下测量输出电压的不平衡度、相位差或通过测量线电压和相电压计算出相位差
并机系统电流均流测量	在并机和冗余并机的系统中测量在假负荷和实际负荷的均流状态

续表

现场测试项目	测试内容及要求
后备时间测试	电池后备时间通过断开带额定负荷的 UPS 系统交流输入电源测量。电池的截止电压在放电结束前应高于参数表中的指标
电池容量恢复时间测试	电池容量恢复取决于整流器的容量和电池特性。如果相应的充电指标已经确定,应在放电测试的试验中验证充电指标
电池纹波电流测试	如果参数指标中给出电池纹波电流,则需要在 UPS 正常运行中测量电池纹波电流
输出电压波动测试	利用电力分析仪记录在不同负荷和运行条件下的输出电压
频率偏离测试	测试要根据 IEC 60146-2 的 5.13 章节的规定
谐波成分测试	在实际负荷的条件下测试输出电压的谐波成分。并在厂商和用户确认的条件下测试输入电流和电压的总谐波失真 THD
柴油发电机匹配测试	在发电机供电条件下进行轻载或满负荷带载、输入市电故障、输入市电恢复、切换、输出电压偏离、谐波成分等测试

4 UPS 系统投运前的准备

UPS 系统投运前必须对数据中心动力系统的构成有完整、清晰的了解，确定所有上下游配电和电缆的配置正确。特别是输入/输出开关整定值的设定，确保所有开关设定的额定电流值满足满负荷运行的要求。同时所有的开关标示应清晰明了，这样可有效避免操作错误。

UPS 系统自身一般安装有监控软件，能够确保 UPS 的运行情况可通过监控系统随时掌握。

环境检查：一般情况下 UPS 厂家在设备开机时会检查设备运行环境，数据中心维护人员也需要明确设备运行环境正常。包括设备房间的温度湿度等设定符合要求，电池房环境温度不宜超过 25℃。同时对于风口位置也需要特别留意，冷风出口不宜位于设备正上方，以免可能出现滴水的情况。

有条件的情况下宜安装单节电池检测系统。单节电池检测系统能有效掌握后备能源的性能参数，可以第一时间知道蓄电池故障，有效避免需要的时候蓄电池无法提供后备能源的情况发生。

应急操作说明：UPS 设备上应张贴应急操作说明，包括设备运行指示，以及静态旁路与维修旁路的操作说明。操作说明上应标示紧急情况联系人及联系方式。

5 UPS 系统维护要求

为了使 UPS 电源能够长期工作在最佳运行状态之中和及时发现可能出现的故障苗头，以防止故障隐患扩大，从而确保数据中心的供电安全，同时提高 UPS 电源设备的利用率，必须使 UPS 工作在适宜的工作环境，做好日常维护和定期维护工作。

UPS 系统的日常维护分为 UPS 设备巡检、UPS 的输入 / 输出配电设备巡检、蓄电池的巡检等，这些项目应该每天进行一次或多次，并通过数据中心监控系统应该予以实时关注；UPS 系统的定期维护主要包括功能性检查（含电池放电测试）、故障模拟测试，一般一个季度一次比较合适。

6 UPS 设备日常巡检内容

（1）检查各 UPS 输入、输出开关是否在合闸状态，合闸指示灯是否亮起，如图 3-1 所示。

图 3-1　检查 UPS 输入、输出开关

（2）检查 UPS 系统蜂鸣器有无声音告警，系统有无其他杂音异常现象。

（3）检查 UPS 电源发出的噪声是否有明显的变化或异常状况。

（4）检查 UPS 控制面板上各显示单元是否都处于正常运行状态，运行参数是否都处于正常值范围内，在显示的记录内有无任何故障和报警信息。

（5）尤其是检查 UPS 逆变器模块的三相输出电流，如果发现它们的输出电流值明显偏离原来的正常值，应查明外接负载的变动情况。其中要注意是否有大的非线性负载和大的电感性负载接入。

（6）检查 UPS 及电池房间的温、湿度值是否在规定范围内。

（7）检查 UPS 柜体上的风扇运转状态，过滤网有无堵塞。

（8）检查 UPS 内部电容等部件有无异常现象，有无局部过热点，有无漏液、鼓包膨胀、异味等异常状况。

（9）检查接线端子、电缆、铜排等有无明显过热现象，是否有破损，连接是否牢固。

（10）检查监控系统中 UPS 单机各输入、输出状态及参数是否正常（包括输入电压值、输出电压值、输出电流均分情况、负载率等）。

（11）检查监控系统中 UPS 并机系统状态及各输出参数是否正常（包括输出电压值、输出电流均分情况、负载率、PF 值等）。

（12）检查电池开关是否在合闸状态。

（13）检查电池开关的电流整定值是否与实际运行负载率一致。

（14）检查电池组的连接点是否有明显过热现象，检查接触是否严密，有无氧化。

（15）检查电池有无异常，包括电池清洁状况，有无变形、鼓包、漏液。电池房间有无异味、有无异常响声等。

7 UPS 系统输入／输出配电设备定期巡检

（1）检查配电柜是否处于合闸状态，部分旁路开关需要保持在分闸状态。

（2）检查配电柜上的各 UPS 输入、输出开关的电流与时间整定值是否与当前的实际运行情况一致。

（3）检查配电柜柜体指示灯是否有异常闪烁，柜体有无异常声音，柜内有无局部热点。

（4）检查各断路器自动储能控制开关是否在自动位置，检查开关状态是否已储能。

（5）检查各配电柜仪表电压、电流、功率等读数是否显示正常，数值是否保持在设定范围内，检查各断路器的参数整定值是否与设计值一致。

（6）检查电容补偿柜各核心供电回路参数（电压、电流、功率因数、频率），是否在正常范围内，检查柜内电容是否有突起或漏液现象，检查电容等部件是否存在局部热点。

8 UPS 例行化定期维护检查

在条件允许的情况下，每季度或更长时间可对 UPS 系统进行更深入的一些功能检查。这些功能检查可能涉及对 UPS 进行切换等操作，必须确保在足够的保障措施下进行。

（1）检查 UPS 输入电源质量（包括输入电压、输入频率），检查输出电源质量（包括输出电压、输出频率以及输出波形失真率等）。

（2）检查 UPS 电源切换瞬间，断电时间是否小于规定数值。

（3）检查 UPS 电源切换瞬间，输出瞬时电压降是否小于规定数值。

（4）检查 UPS 输出谐波失真率是否小于规定数值。

（5）检查电池组的浮充电压值及充电电流值是否在设计范围内。

（6）检查电池组电压值及单体电池电压值是否在正常范围内。

（7）检查电池组后备时间，断开主路输入开关，检查电池电压下降至放电终止电压前合上输入开关，记录 UPS 后备电池时间。

（8）检查电池组是否具有启动瞬间输出大电流的特性。

（9）检查电池组内阻，当内阻超过规定值时，需对电池组进行均衡充电后放电处理或活化处理。

（10）检查前后级配电柜断路器开关手动断合操作是否正常。

（11）如为并机系统，应检测并机的均流是否在正常的范围内，并机 UPS 间的切换逻辑是否正常等。

（12）UPS 停机后的内部接头松紧度检查及内部主要电气部件上的灰层清理等。

9 模拟故障检查

也可在具有保障措施的情况下对 UPS 系统进行一些模拟故障检查，这些模拟故障检查可及时发现 UPS 系统的问题，避免在真正需要 UPS 系统提供保障的时候 UPS 已经发生故障。

（1）模拟市电输入断电，观察 UPS 各种工作模式切换过程是否正常。

（2）模拟市电输入断电，记录 UPS 电池组电压随放电时间的变化曲线。

（3）模拟市电输入断电，以及电池组工作欠压停止工作，观察市电恢复后 UPS 的工作状态。

（4）模拟 UPS 故障，观察 UPS 旁路长时间供电是否正常。

（5）模拟并机中的一台 UPS 故障，观察另外的 UPS 是否能正常工作。

10 应急操作指南

在 UPS 出现故障的情况下，需要掌握基本的应急操作。不同品牌 UPS 的操作细节略有不同，但总体操作的思路和步骤是一致的。下面以伊顿 9395 为例讲解应急操作的步骤。

（1）当发现故障报警时，首先看显示板指示灯的状态：如果绿灯还亮表明逆变器还有正常的输出；如果报警红灯亮或（和）声音报警，去"事件"菜单查看具体内容；如果是机器外部原因引起的报警，待外部条件恢复后机器的报警就会消失；如果报警不能消失，就去"控制"菜单里按一下 GO TO ONLINE（进入在线）；如果不能消除报警，请和厂家联系维修。

（2）如果机器已经因故障转旁路了（单机），或已经脱机了（并机），到"事件"菜单中看看是什么报警，如果没有特别重要的故障报警，可以通过重新启动 UPS 恢复正常，如果仍不能恢复，请立即联系厂家维修。

（3）如果发现市电正常而电池在放电，说明整流器停止工作了，应迅速检查与输入相关的开关是否正常，再看看事件记录，如果没有重要的故障报警，可去"控制"菜单中按 GO TO ONLINE，恢复机器正常工作。如果不能恢复赶紧和厂家联系，机器放电到电池保护电压会转旁路（单机）或脱机（并机）。

（4）当没有确切掌握机器报警内容时，切勿再启动机器，以免扩大故障。启动 UPS 恢复正常，如果仍不能恢复，请立即联系厂家维修。

Chapter 4

蓄电池维护操作指南

1 前言

供电系统出现几秒的中断都可能给公司、企业销售、经营管理、社会生活的正常运行、声誉及公共形象带来难以估量的损失。供电系统要为负载提供不间断的供电，就必须具有电能的存储。到目前为止，还没有找到一种技术能够存储交流电能，也就是说电能的存储技术仍然只能采用直流形式。因此，在各种重要的信息网络中心机房中，广泛采用 UPS 供电系统和高压直流供电系统。蓄电池是其中最重要的组成部分，蓄电池组配备的是否合理和如何正确使用维护，最终决定着各类供电系统不停电功能的发挥。但在使用过程中，人们往往片面地认为阀控式密封铅酸蓄电池（Valve-Regulated Lead-Acid，VRLA）是免维护的而不加重视。由于对蓄电池的不合理使用，产生了蓄电池的电解液干涸、热失控、早期容量损失、内部短路等问题，进而严重影响到供电系统的可靠性。有资料表明，蓄电池故障而引起供电系统故障或工作不正常的比例为30% ~ 50%。由此可见，加强对 UPS 电池的正确使用与维护，对延长蓄电池的使用寿命，降低 UPS 电源系统故障率，有着越来越重要的意义。

在很多文章中，都强调了 VRLA 电池后期维护对环境、充放电制度的重要性，但生产、存储、安装、选型等前期环节交流较少，本书认为，维护工作是系统性管理的一部分，鉴于数据中心机房对蓄电池的要求，将从蓄电池原理及实际应用中存储、安装、选型前期环节做介绍，同时介绍影响 VRLA 性能因素与日常维护要点，有助于运维人员提升电源维护技能及可靠性意识，确保电源系统运行的安全、可靠。

2 蓄电池在数据中心中的应用

蓄电池在 UPS 电源中已得到广泛的应用，其品种繁多、型号齐全、规格各异，但按电解液的性质可以分为酸性电池和碱性电池两大类。

- 酸性电池：酸性电池的电解液一般是由稀硫酸（H_2SO_4）或者胶体硫酸构成，极板由铅（Pb）和过氧化铝（PbO_2）构成，通过化学反应存储电荷，起到电池储能的作用。

- 碱性电池：碱性电池的电解液一般是由氢氧化钾（KOH）或者氢氧化钠（NaOH，烧碱）组成。极板由于电池的结构不同而各异。如镉镍电池正极板是氢氧化镍（$Ni(OH)_3$），负极板是镉 Cd；铁镍电池的正极板是氢氧化镍（$Ni(OH)_3$），负极板是铁 Fe；银锌电池的正极板是过氧化银（Ag_2O_3），负极板是锌（Zn）。

电池按照密封性和使用方式可以分为开口型、密封型两大类。

目前铅酸蓄电池的应用场合非常多，主要应用场合如下：

（1）各类数据中心 UPS 供电系统、高压直流供电系统、48V 直流开关电源和 EPS 系统。

（2）通信系统中微波站、移动基站、无线电及广播台站。

（3）发电厂（各类发电机启动电池）及输变电系统（高低压系统直流控制屏）。

（4）太阳能和风力发电系统。

（5）信号系统和紧急照明系统。

3 数据中心机房对蓄电池的要求

数据中心机房对蓄电池的要求，可归纳为 4 点，即安全性、可靠性（高功率）、长寿命、经济性（部分机房明确要求 UPS 采用 EOC 运行）。

UPS 系统以蓄电池配置时间长短的方式分为标机（5 ~ 15 分钟）和长延时机系统（0.5 ~ 24 小时）。UPS 标机配置的蓄电池 5 ~ 15 分钟就放完电，放电电流倍率很大（3 ~ 4C），UPS 标机配置的蓄电池必须具有很强的高倍率大电流放电性能。这就要求蓄电池正板必须是大电流放电性能较佳的多元母合金板栅（如 Pb-Al-Sb 或纯铅板栅），只有这种极板的蓄电池才能保证其 UPS 标机的配置中具有较长的使用寿命。普通的铅钙型蓄电池配用于 UPS 的标机中寿命较短，一般厂商承诺保用 1 ~ 2 年。长延时 UPS 配置的蓄电池使用条件相对优越，属于低倍率小电流放电，一般使用寿命较长，浮充使用 3 年内保持 65% 以上的容量。因此，长延时 UPS 对配置的蓄电池要求相对不高。从目前机房对电池的设计看，以短时应急的高功率电池为主，电池选型及供应商很关键。

安全性要求：因电压等级高（UPS、HVDC），要求电池有非常高的安全标准，蓄电池对温度敏感，加之功率放电密度，使得散热要求高，同时由于是高压系统，必须有绝缘防护设计，杜绝漏液现象发生，还要考虑安装设计承重问题。

可靠性要求：数据中心供电以集中供电方式为主，设备集中，采用蓄电池数量多，要求占用场地少；电池间需较为复杂的并、串联组成，配备监控单元，以便维护，需要设计硬连接系统时必须考虑监控模块安装方便；电池组个体之间串联多，直流输出电缆线路长，压降大，线路损耗大，蓄电池之间性能一致性要求高。

长寿命要求：数据中心机房蓄电池主要以浮充方式运行，建议选择高温加速寿命良好、个体性能一致、适合长期浮充的电池组。

经济性要求：充电转化效率高，节能效果好，同时适合环保回收再利用。

4 蓄电池结构与原理

下面以普遍使用的阀控式密封铅酸蓄电池（VRLA）为例介绍其原理与结构。

和传统电池的组成一样，蓄电池主要由电池槽、盖，正负极板（板栅＋活性物质，如铅膏或铅粉），隔膜（PVC隔板或玻璃纤维隔板），安全阀（称为VRLA的心脏），接线端子（铜芯极柱、铅极柱），电解液（稀硫酸 H_2SO_4）组成，如图4-1所示。VRLA电池按结构分为2V、6V（2×3格）、12V（2×6格）。

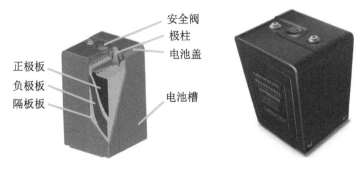

正极板
负极板
隔板板

安全阀
极柱
电池盖

电池槽

图4-1　电池结构

单体12V电池外观如图4-2所示。

VRLA蓄电池的设计原理是把所需分量的电解液注入极板和隔板中，没有游离的电解液，通过负极板潮湿来提高吸收氧的能力，为防止电解液减少，将蓄电池密封，故VRLA蓄电池又称"贫液蓄电池"。

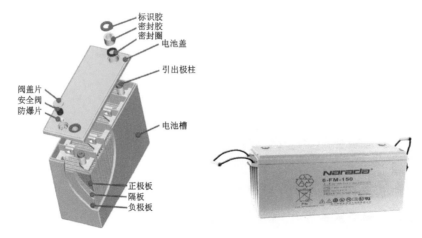

图 4-2　12V 电池外观

VRLA 蓄电池在结构、材料上作了重要改进，如图 4-3 所示，其基本电极反应是铅（Pb）和二价铅（Pb^{2+}）及四价铅（Pb^{4+}）之间的相互转化。

蓄电池在放电过程中正负极发生的反应分别如下。

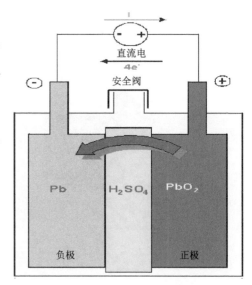

图 4-3　蓄电池原理

正　极：$PbO_2 + HSO_4^- + 3H^+ + 2e \rightarrow PbSO_4 + 2H_2O$

负　极：$Pb + HSO_4^- - 2e \rightarrow PbSO_4 + 2H^+$

总反应：$PbO_2 + Pb + 2H_2SO_4 \rightarrow 2PbSO_4 + 2H_2O$

充电时发生的反应则为相反的过程，在正极生成 PbO_2，在负极生成 Pb，同时产生了硫酸。正负极在放电时的产物均为硫酸盐，所以，也称之为双极硫酸盐化理论。

作为可逆的电能转化为化学能的装置，放电时，正负极板的活性物质不断转换为硫酸铅（$PbSO_4$），因 $PbSO_4$ 导电性差，所以，放电时，电池内阻增加；另外，硫酸不断被消耗，同时生成水，因此，电解液比重减小，电池端电压降低。充电时，利用外来直流电源（整流器，其输出的正、负端应分别与蓄电池的正、负极相连）向蓄电池输送电能，它是放电的逆过程，此时蓄电池将电能转化为化学能存储起来。充电时，正、负极板上的硫酸铅（$PbSO_4$）分别被还原为 PbO_2 和 Pb，同时消耗水和生成硫酸，所以，电解液比重增大，电动势增大。在充电后期，若继续以大电流充电，充电电流将会分解水，生成氢气和氧气（此处决定了最高充电电压的设定，设定高了会析气而失水，低了则充电不足）。所以，这样的充放电特点势必与外界环境温度有关，而充电过程也必将产生热量，生产厂家一般会根据自己的配方及多次试验结果，给出一个参数，国家相关部委也联合相关专业厂家指定了相关国标和行标。

从 VRLA 结构与原理上可以归结关键点：

正负极（薄极板适合高功率，厚极板适合循环使用，如胶体电池）通过电解液反应，需要有合适的氧气通道（AGM 玻璃纤维、SiO_2 硅凝胶），适量的电解液（稀硫酸 $1.26 \sim 1.28 g/cm^3$），一定的装配压力，合适的充电电压（浮充 2.25V/单格，均充 2.35V/单格 25℃），如此可以确保将 VRLA 电池做成密封、不漏液、少腐蚀的最佳状态。

5 蓄电池运行要求

VRLA 虽然经过多年的应用与改善，但几大核心问题依然面临严峻挑战。当下，仍然存在由于对蓄电池的不合理使用，产生了蓄电池的漏液、容量不足、电压不均、电解液干涸、热失控、早期容量损失、内部短路等问题，进而严重影响到供电系统的可靠性。影响 VRLA 性能因素归结如下。

1. 运行环境温度

温度对电池的容量有一定的影响。当环境温度偏离标准温度而升高时，将使电池水分散失，加大了电液浓度；其次，电池温度高会加速合金腐蚀速度，长期处于这一环境中的电池板栅可因之而穿孔损坏，易使活性物质附着减弱而脱落。由此看出，环境温度的升高，虽使容量有所增加，但高温又使电池板栅腐蚀剧增，严重阻碍着电极反应，降低了容量的增加。VRLA 可以在 −20 ~ 50℃ 使用，但因 VRLA 本身结构紧凑，加之数据中心负载大，高功率放电也产生温度积聚，故 VRLA 的最佳使用环境一般为 20 ~ 25℃。所以，维护中要防止高温对电池影响。

当环境温度超过 25℃ 后，每升高 10℃，电池寿命将减少一半，如图 4-4 所示。

温度太高，直接降低电池的放电容量，温度与放电容量的关系如图 4-5 所示。

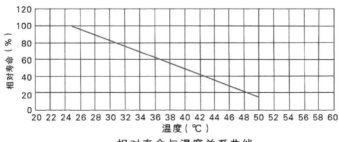

相对寿命与温度关系曲线
（浮充电压为：2.25～2.30V/单格）

图 4-4　温度对寿命的影响

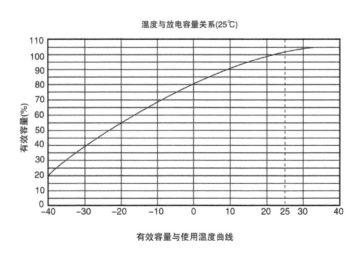

温度与放电容量关系(25℃)

有效容量与使用温度曲线

图 4-5　温度与放电容量的关系（25℃）

2. 浮充电压设置

过高的浮充电压会对电池过充，加速了正极板腐蚀并减少了电池寿命；这就会造成个别单体蓄电池长时间均浮充造成过量充电，其危害大致有正负极板有效物质的脱落、变形、增加电解液的损耗、干涸，过充电严重时易造成电池温度升高，自放电加速，外壳膨胀鼓包、变形等。同样，过低的浮充电压意味着对电池的欠充，加速负极板腐蚀，也减少了电池寿命；并且同时会造成个别单体蓄电池充电不足，难以补充自放电损耗，易形成极板硫酸化。电池组中各单体电池电压会相互影响，产生更大的波动，加强了过充和欠充现象。当然，温度的变化也将导致充电电压变化，如温度升高，充电电压未对应下降，加之阀控密封电池结构上的严密封性，又无游离电解液，导致它的散热条件比普通电池的散热条件更差。因而，阀控密封电池对环境温度变化引起的过充或欠充就更为强烈和严重。所以，维护中要防止过充对电池的影响。

阀控式密封铅酸蓄电池的浮充电压值在25℃时为（2.25±0.02）V/单体。建议最好取在 2.25 ~ 2.26V/ 单体，即比中心值略高一点。

浮充电压选取的标准为：除满足电池充电时自身的放电及氧复合需要的能量外，还必须对电池短期放电后能充足电。否则，电池长期浮充时，将会处于欠充电状态。放电时引起容量不足，开路电压与剩余容量的关系如图4-6所示（对于12V电池，开路电压为12.8V时，剩余容量约为80%）。

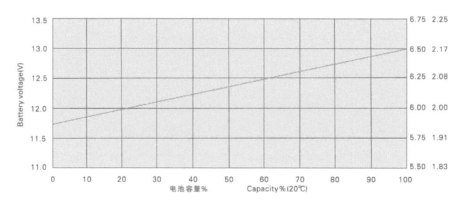

图 4-6　20℃时开路电压与容量关系图

同一品牌的蓄电池，在不同的环境和不同的维护条件下使用时，实际使用寿命会相差很大。而对其影响最大的因素就是不为人们所注意的蓄电池长期工作时的浮充电压值。

因此，对维护人员而言必须了解充电方法对蓄电池使用寿命的影响程度，以及如何根据蓄电池的实际使用情况而及时调整充电器对蓄电池的充电参数。

环境温度变化时，必须对浮充电压进行校正，校正系数为18mV/℃（标称12V的电池）。为简单计，可以分级校正。如表4-1所示为温度与浮充电压的关系。

表4-1　温度与浮充电压的关系

温度（℃）	浮充电压（V）
5 ~ 15	13.68
15 ~ 25	13.5
25 ~ 35	13.32
35 以上	13.10

3. 蓄电池安装注意事项

电池应安装在相对湿度≤70%、通风、散热、无酸、碱或其他腐蚀性气体的空间中，尽可能安装在清洁、阴凉、通风、干燥的地方，并要避免受到阳光、加热或辐射热源的影响，让电池有一个良好的工作、储存环境。

实践表明，因安装时，个别连接电池间的螺丝接触不良也将导致电池充电不足，而放电时也因接触不良导致极柱端发热引发起火事故。

特别是高压高功率系统，其除了安装牢固外，还特别要求其连接用的软连接条或硬铜排的载流量是否在满足最高电流时不发热；除应急抢修外，在安装时，新旧不同、容量不同、性能不同的蓄电池请勿混用；同时，由于VRLA散热条件差，要求单体电池间需要预留10mm左右的散热距离。

蓄电池组安装应考虑其安装地面、楼板的承载、荷重能力（按建筑图纸要求）。

电池需安装在电池架上或电池柜中，不得安装在地板下及不易检查的位置，安装位置需预留电池检测、维护及更换空间。

电池与设备或单板之间连接件长度应尽量小，以减少压降；连接件的横截面积以能长期承受电池充电或工作电流最大值2倍的电流为原则。

安装完成后，按表4-2进行检查。

表4-2 电池安装检查项目及要求

序号	检查项目	要　　求
1	外观	每个电池的外壳没有鼓胀、破裂、颜色异常的情况；电池极柱无裂缝，密封胶正常；极柱无氧化、析晶现象；电池连接电缆、连接片无破损
2	标识	正负极性和电池序号标记明确、显眼
3	连接	电池极柱连接片或电缆紧固符合电池自身要求；电池架或电池柜不能接地，以防止形成高压直流回路

续表

序号	检查项目	要　　求
4	防护	电池极柱和其他带电裸露金属必须有绝缘盖板或绝缘帽，电池极柱必须涂凡士林或者类似隔离物，避免电池氧化
5	电池单体电压	每个电池单体电压符合要求，电压值之差不应该大于20mV

4. 终止电压

铅酸蓄电池的一个重要保护措施是终止电压，即电池放电至一定的电压后就应停止放电。如果电池深度放电后不及时充电或充电期间又遇停电，这种频繁的未充足电而又放电的现象，短时间内将使电池失去部分容量，严重时出现早期容量损失而报废。因此，电池放电电压过低，会造成电池充电效率降低再充电困难，长期如此，电池寿命将大大缩短。所以，维护中，要防止过放对电池的影响。

5. 超期存储

所有铅酸蓄电池在开路状态下都会自放电，自放电的结果是电池的开路电压降低，使 VRLA 蓄电池"硫酸盐化"，从而引起电池内阻增大，容量的减少，放电性能下降。自放电率与电池的存储温度有关，温度低则自放电程度小，温度高则自放电程度大。VRLA 电池存放环境要求 0 ~ 35℃。存放地点应通风、干燥、避免阳光直射。为避免自放电对极板的永久性损伤，电池存放 3 ~ 6 个月应进行补充电，电池存放期间，若开路电压低于 2.10V/ 单体，应进行补充电后才能投入使用。所以，维护或存储中要及时补充电。

蓄电池自放电与储存时间关系如图4-7所示。

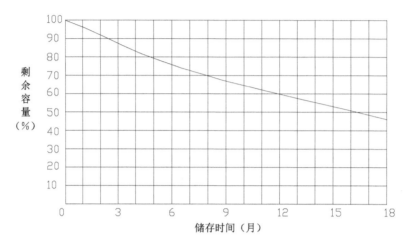

图4-7 自放电与储存时间关系

蓄电池超期储存处理方案如表4-3所示。

表4-3 超期存储处理方案

项目	检查方法	基　准	措　施
外观	观察电池壳体有无变形等损伤、漏液	无裂纹、变形等损伤、漏液	有变形、漏液时，不予使用
开路电压	外观正常电池，用四位半数字表测试单个电池开路电压	2V：≥ 2.10V 12V：≥ 12.6V	进行补充电
补充电	开路电压正常电池，恒压限流模式，2.35V/单格，$0.1C_{10}$A电流补充电	充满电，静止后开路电压 2V：≥ 2.13V 12V：≥ 12.8V	充电结束后，静止24小时，测量开路电压应大于基准值

续表

项目	检查方法	基　准	措　施
放电	用假负载对电池放电，放电电流 $0.1C_{10}A$	≥ 100% 容量	合格入库
		≥ 90% 容量	用于非关键性机房，跟踪测试，做好基础数据
		≤ 80% 容量	报废
使用	（1）按照不同生产日期分类，对不同容量、不同开路电压配组 （2）对配组电池去向做好记录	2V 开路电压组内范围 20mV；12V 开路电压组成范围：100mV	（1）按照基准使用；加大日常巡检频率，注意温度补偿、充放电设置准确 （2）通过后期补充电投入使用的电池，在使用后 3 个月需要做测试，以跟踪其容量保存率
		单体容量 ±5% 内可以配组	

6 蓄电池例行化维护保养

1. 接收准备

维护部门接收工程部门移交相关设备时，需根据移交清单一一验证，对于蓄电池而言应重点验证以下几条：

（1）安装牢固性，现场清洁度，监控线布线标识清楚。

（2）验收检验测试记录，是否符合设计要求，如表4-4所示（不同厂商蓄电池性能略有不同，部分检验项目只能由厂家提供厂验数据）。

表4-4　检验项目表

序号	项目名称		技术要求		
1	外观与结构	①电池外壳 ②正负极性及端子尺寸	电池外壳无污迹、裂纹、变形 有明显标志、便于连接、符合厂家产品图样		
2	气密性		能承受50kPa的正压或负压不破裂、不开胶压力释放后壳体无变形		
3	容量	①荷电量放电 ②10h放电率 ③3h放电率 ④1h放电率	放电电流（A） 1.0 1.0 2.5 5.5	终止电压（V） 1.80 1.80 1.80 1.75	容量（Ah） 0.95 C10 C10 0.75 C10 0.55 C10

续表

序号	项目名称		技术要求
4	大电流放电		大电流放电 1min 极柱无熔断、外观无变形
5	容量保存率		电池静置 28 天后，容量保存率不低于 95%
6	密封反应效率		不低于 95%
7	防酸雾性能		pH 试纸呈中性
8	安全阀要求	①开阀压力 ②闭阀压力	10 ~ 35kPa 3 ~ 15kPa
9	耐过充电能力		以 $0.3 I_{10}A$ 电流充电 160h 后，外壳应无明显变形及渗液
10	蓄电池端电压的均衡性	静态	由两个以上单体电池组成的 2V 电池，各单体电池之间开路电压差值 ≤ 20mV
		动态	进入浮充状态 24h，各电池之间端电压 ≤ ±45 mV
11	防爆性能		在充电过程中遇有明火内部不应引爆
12	封口剂性能	①耐寒性 ②耐热性	电池在（−30±3℃）条件下 6h，应无裂纹、槽盖之间应无分离现象 电池在（65±2℃）条件下倾斜 45°，6h 后应无溢流现象
13	电池间连接条电压降		≤ 10mV
14	蓄电池寿命		2V 系列蓄电池的折合寿命不低于 8 年 6V 以上系列的蓄电池的折合寿命不低于 6 年

2. 与日常维护有关的参数（见表 4-5）

表4-5　维护常用参数

名　称	说　明	备　注
开路电压	电池在开路状态下的端电压，分单体开路电压，整组开路电压	
工作电压	接通负载后再充放电过程中显示的电压，又称负载电压	注意工作电压压降
初始电压	在电池放电开始时的工作电压	
终止电压	电池放电时电压下降到不宜继续放电时的最低工作电压。10效率1.80V/单格，3效率以下1.75V/单格	继续放电电压急剧下降，且几乎无剩余容量
浮充电压	蓄电池自放电引起的容量损失，为弥补其损失，根据温度及电解液密度设定一个略高于开路电压的值，使其经常保持在充电满足状态而不致过充电	一般为2.25V/单格25℃
均充电压	长期浮充或放电后需以恒压限流的方式对电池组进行补充充电，彻底将电池内部活化一次，该电压根据电解液密度及析氢电位决定	设置2.35～2.40V/单格25℃
电池内阻/电导	电池内阻包括欧姆内阻和极化内阻，极化内阻又包括电化学极化与浓差极化。内阻的存在，使电池放电时的端电压低于电池电动势和开路电压，充电时端电压高于电动势和开路电压。电池的内阻不是常数，在充放电过程中随时间不断变化，因为活性物质的组成、电解液浓度和温度都在不断地改变	每款电池内阻/电导不一样，单体容量越大，内阻越高
负载电流/功率	实际负载	

续表

名　称	说　明	备　注
容量	电池在一定放电条件下所能给出的电量称为电池的容量，以符号 C 表示。常用的单位为安培小时，简称安时（Ah）或毫安时（mAh）。电池的容量可以分为理论容量、额定容量、实际容量	备用电池关注容量
功率／比功率	蓄电池的功率是指电池在一定放电制度下，于单位时间内所给出能量的大小，单位为 W（瓦）或 kW（千瓦）。单位质量电池所能给出的功率称为比功率，单位为 W/kg 或 kW/kg。比功率也是电池重要的性能指标之一。一个电池比功率大，表示它可以承受大电流放电	目前数据中心机房用电池关注功率输出能力

3．VRLA 开展日常维护前工作

新电池组在工程阶段会涉及存储、调试、验收，根据已发生的实际情况，出现了使用电池后不及时补充电的现象，而相关移交单上，则并未体现，对于大型数据中心 UPS 电池组，绝不允许带病并网电池组，慎重起见，新接手维护的工作人员，需要组织对电池进行初充电，在充电过程中用红外线测试仪检查各个部位的发热情况。

1）新电池的初充电

新的蓄电池在安装完毕后，首先要进行补充充电（即均充电）。在 25℃时电压值为 2.35V/ 单体 ±0.02V。充电时间为 16 ～ 24 小时，如果不在标准温度时应修正其充电电压。充电要按说明书中的规定进行，待电池组充电完毕后，进行一次放电，放电后再次充电，目的是延长电池的使用寿命，提高电池的活性和充放电特性。

2）蓄电池断路器要求

蓄电池断路器必须直流专用塑壳断路器或直流框架式空气断路器，需要配置辅助触点及脱扣保护线圈。当断路器断开时，蓄电池必须与流器／充电器及逆变器完全隔离。当蓄电池组达到其放电低电压极限时，或收到消防系统火灾报警及其他危及人身和财产安全时，UPS必须借此断路器跳闸而自动与蓄电池隔离。当蓄电池维修时，断路器也可由手动进行操作。当UPS内部直流系统直流电压没有建立之前，断路器具有禁止合闸的联锁功能。

配置多组蓄电池并联时，每个单组蓄电池需配置独立的蓄电池分组断路器。

4. 例行化维护项目

蓄电池在正常情况下处于静态存放、备用工作状态，为防止用户在完全不知情的情况下，由于市电供电中断而造成UPS在极短时间内进入"蓄电池电压过低自动关机"的工作状态，从而停止向负载供电。这就要求维护人员不仅需要每日按照规定的时间段进行现场巡视外，还需要了解电池的状态，以保证电池的工作质量。蓄电池本身日常例行化维护工作尤为重要，如表4-6所示。

表4-6　维护作业项目表

序号	检查／检测项目	维护作业要求	检查周期	记录
1	外观结构	电池外观无裂纹、鼓胀变形，电池极柱正确	月度、季度	
2	连接条紧固	连接条及极柱无氧化腐蚀，安装牢固	月度、季度	
3	内阻（电导）／电压（单、总）	25℃环境下与说明书一致	季度	

续表

序号	检查/检测项目	维护作业要求	检查周期	记录
4	环境	层与层温度梯度相差不超过 0.5℃	月度、季度	
5	电流	校准系统电流值	季度	
6	激活性充放电	长期浮充或搁置，硫酸分层，部分活性物质溶解性差，实际负载测试，放出 30%～40% 容量，对照性能状态，而后均充	季度	
7	核对性放电	实际负载测试，放出 30%～40% 容量，对照性能状态，而后均充	年度	
8	全容量测试	实际负载测试，放出 100% 容量，对照性能状态，而后均充	2 年	

正常作业步骤开展前，第一步永远是核对各种参数设置是否正常，此项工作请严格参考说明书要求执行，以下是各种维护作业步骤。

1）外观检查

（1）检查部位：腐蚀处位于极柱与连接条部位、安全阀口四周、槽盖密封处、安装柜/架。

（2）腐蚀处如果是干粉状，用湿布清理。

（3）连接条、螺丝腐蚀处理。轻微腐蚀，采用湿布清洁后，将连接条/连接铜排换面安装，严重的更换连接条，更换连接条前，要确保供电正常，注意更换顺序，工具绝缘。

（4）槽盖有明显液体，更换该电池。

（5）设备灰尘清洁。

2）连接条紧固检查

（1）用绝缘处理后的扳手（内／外六角）逐个检查连接条是否有松动，如有，及时紧固，紧固标准参考 10 ～ 12N·m。

（2）检查正负总线与断路器连接紧固度，参考第一条处理。

3）内阻／电压／温度检查

（1）每月、季度通过测量蓄电池相关参数（电压、内阻、电导），形成对比（手工记录对比，与 BMS 监控对比），及时掌握设备的运行状态，提前做好性能评估。

（2）选用 3 位半以上的万用表（1 年校正一次），用直流 10V 以上电压档，测量单体（单格浮充电压 2.25V/25℃，或参考说明书，端电压差 2V（200mV），6V（240mV）12V（480mV））。

（3）用红外线测温仪（成像仪）测量电池槽表面、连接条与极柱接触部位温度，特别是跨层连接处，其连接条较长，升温较快。

（4）用直流 100V 以上电压档测量电池组端电压。

（5）用内阻仪／电导仪测量内阻／电导（参考厂家说明书），在测量时，尽量做到同一个人用相同型号仪表在相对固定的位置取值，以增加数据比较性。

（6）在专用记录本上记录。

备注：$V_浮=[2.25+（25-t）\times 0.003]\times M+R$

其中，t——环境温度；M——单体电池数量；R——充电设备与电池之间的压降。

4）电流校准

通过直流钳形表对电缆线输出／输入电流进行测量，比对 UPS 显示值。

5）激活性充放电／核对性放电

（1）UPS 内部的蓄电池长期闲置不用或使蓄电池长期处于浮充状态而不放电，会导致电池中大量的硫酸铅吸附到电池的阴极表面，导致内阻增大、活性下降，使蓄电池的使用寿命大大缩短。

（2）对于市电供电良好的单位，需要每隔 3 个月进行一次"治疗性"充、放电过程（放电深度宜采用 30% ～ 40%），即电池带载放电、再充电操作，并记录相关数据，与以前放电记录进行比较分析电池性能状况，对电池组整体进行维护检查，真正遇到市电停电时，才能有效保护负载安全。

（3）核对性放电为每年一次，核对性充放电注重性能评估，激活性充放电注重每个电池性能的一致性。

注意：人工核对性放电试验时要注意各种连线，确保不发生反极、接触不良、绝缘包封不严等情况。严格利用监控设备，密切注意单体电压，当发生单格低于 1.80V 时，终止放电。

5. 性能评估参考

在维护结束，对数据进行整理分析时，除关注外观及连接外，还应更加关注电压变化、电导/电阻变化，其中放电过程中的变化是评估电池性能的关键。

从图 4-8 中可以看到，电池的放电电压与放电过程中电池电导的变化并不成线性关系，通过拟合，其关系呈四次方程。其中，线性关系较明显的阶段在电池的放电电压以下。

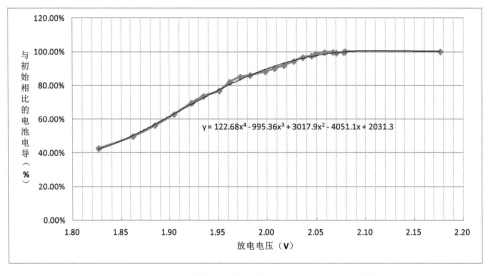

图 4-8　10 小时率放电过程中放电电压与电导的相关性

从 2.02V 的放电电压结合图 4-9 可以测算出电池的放电深度为 38% 左右。由此可以得知，电池至少要放电到 38% 以上才能够用简单的计算公式来根据电池的电压推算电池的电导。同时，放电前期电池的电导变化很小，在电导下降 10% 时电池的容量已经下降 50% 以上。因此，用电导来判断放电深度 30% 的电池误差太大，可操作性不强。而当放电深度为 30% 的时候，电池的电导下降幅度仅为 3.5%，电池电压为 2.045V。

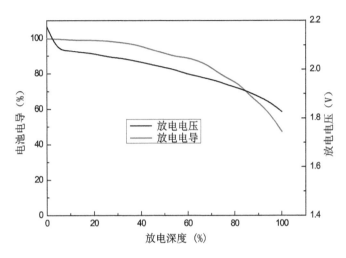

图 4-9　2.02V 放电电压对应的电池容量与电导值

不管从电池的放电过程与电导的关系看，还是从电池的使用年限与电池的电导关系看，在电池的容量衰减 40% 以内，电池的电导变化幅度不大，这严重影响对测试结果的判断。如果测试过程中放电深度为 30%，很难通过电导来评价电池的健康状态。当然，如果在这过程中明显看到电池的电导有异常，如低于 60%，基本可判断电池有问题。

Chapter 5

冷冻水型空调系统维护指南

1 前言

　　大型数据中心的发展，使得冷冻水型空调成为首选方案，这种方案的特点如下：采用水冷却方式，选用大容量高能效比的离心式冷水主机，同时配合冷却塔和板换等自然冷却手段，规模节能效应显著。但是冷冻水型空调系统的组成较为复杂，数据中心又对空调系统要求很高，需要 7x24 小时不间断运行，在空调系统维护、检修和改造过程中也不可影响系统的连续运行，保证安全运行的同时还要保证系统的高效节能。本章介绍了冷冻水型空调系统的常见知识和维护方法。

2 冷冻水型空调系统原理

2.1　冷冻水型空调系统组成简介

冷冻水型机房空调系统主要由制冷主机、冷却水泵、冷却塔、冷冻水泵、分集水器、末端机房空调和膨胀水箱等组成。冷冻水空调系统构成复杂，形式多样，按水泵与冷冻主机的连接方式可以分为水泵与冷冻主机一对一的系统、多对多系统和水泵与冷冻主机通过分集水器连接的系统；按循环方式，可分为开式循环和闭式循环；按供、回水管的布置方式，可分为同程式系统和异常式系统；按系统运行调节的方式，可分为定流量系统和变流量系统；按数据中心冗余方式，可分为系统冗余和组件冗余；按系统冷冻泵的配置方式，可以分为一次泵系统和二次泵系统等。

2.2　制冷主机（简称冷机）

数据中心一般以制冷为主，而且需要冷机启动快捷、响应及时和高可靠性等特点，除了在冷热电三联合的场所可以选用溴化锂空调，其余场合一律选用电力驱动的蒸汽压缩式冷水机组。电制冷按照制冷方式不同，可以分为离心式压缩机、螺杆压缩机、涡旋压缩机和活塞压缩机，机组在额定制冷工况和规定条件下，性能系数（COP）需要满足 GB 50189—2005 的规定，同等条件下选用性能系统高的。

数据中心冷量需求大，选用离心式机组可以获得较好的能效，离心机组是一种速度型压缩机，它依靠叶片高速旋转，之后速度变化产生压力对制冷剂进行压缩。

1. 冷机数量

对于空调系统来说，制冷机组的数量不宜过少或过多。过少会造成可靠性下降，一旦机组出现故障影响面较大；过少也会导致机组负荷适应性差，离心机组易发生喘振现象；机组配置过少，单机冷量大，低负荷运行的概率高，COP会降低；当机组数量过少时，备用机组的投资占比就会增加，从而降低投资率。

而机组台数过多，相应的单机容量变小，部分负荷适应性能好，但小机组满负荷 COP 要低于大机组的 COP；同时，如果机组过多，需要配置的循环水泵也多，水泵并联越多，并联损失越高；机组台数多，占用机房面积就大。

综上所述，采用机组冗余的单个水系统目前较为推荐的机组数量为 3～5台，机组间要考虑互为备用和切换使用的方便性；超过 5 台，可以把空调系统分成两个或多个独立子系统，每个子系统冷机数量控制在 2～4 台。

2. 大小机配置和等容量配置

在民用建筑上，由于热负荷变化大，为了适应这种负荷变化，一般采用大小机搭配的方式，以获得较好的综合能效比。在规模较小的数据中心，也可以考虑大小机搭配，如采用两台大冷量的离心机搭配 1 台小冷量的螺杆机，或者采用 2 ～ 3 台大冷量离心机搭配 1 台小冷量离心机，通过大小机的搭配运行，可以获得比较好的综合能效；该方法的缺点是大机组运行情况下对小机组的干扰较大。

大型数据机房冷机台数较多，数据中心投入运行后，热负荷大而且比较稳定，故一般采用等容量配置，这样机房布置会比较整齐，相应的备品备件会比较少。由于机组的水量相同，配置的水泵特性相同，机组运行数量的加减不会对相邻冷机造成大的影响，机组和水泵和冷却塔的布置方式较为灵活。

2.3　输配系统（管网系统）

在水系统中，冷冻水和冷却水的循环都是通过水泵来进行的。水泵和管网统称输配系统，输配系统是整个空调系统的核心和枢纽，它起到承上启下的作用，把冷却塔、冷机、水泵和末端等单个设备联系起来成为一个整体，输配设备能耗情况与空调方式、管网结构、输配设备效率、性能和控制方式等息息相关，初步测试，输配能耗占整个空调系统的能耗的 25% ～ 35%，并随着系统规范的扩大而增加。

1. 开式系统和闭式系统

开式还是闭式是指循环管路系统，也就是水泵的出口到水泵的入口这个循环是不是闭合的，如果系统循环管路中有水箱与大气相通，系统就是开式系统；如果系统循环是闭合的，就是闭式系统。

开式系统由于始终和大气接触，所以，循环水中含氧量高，易腐蚀管路；杂质和脏物也易进入系统，导致系统过滤器堵塞，增大系统维护工作量；当末端设备与冷冻站高差较大时，水泵必须克服高差造成的静水压力，会增加耗电量，水泵起停也容易产生水锤现象。

闭式系统的管路不与大气相接触，水在系统内密封循环，仅在系统最高点设置膨胀水箱，对系统进行定压和补水，如果膨胀水箱无法设置，则在系统设定压罐。闭式系统管道与设备不易腐蚀，冷量衰减少；闭式循环中水泵扬程只需要克服系统管路阻力，不需为高处设备提供静水压力，循环水泵的压差较低，从而水泵的功率相对较小；闭式系统不和大气接触，杂质和异物不易进入系统，水系统维护工作量低。

数据中心冷却水系统一般采用开式系统，冷冻水系统则采用闭式系统。

2. 变流量系统和定流量系统

数据机房的冷冻水系统可以分为冷源侧环路和负荷侧环路。冷源侧环路是指从冷机到分集水器的管路，该部分负责冷冻水的制备，该环路宜采用定流量设计，因为对定频冷机来说，流量的改变会导致冷机蒸发温度的改变，导致机组工作的不稳定，流量过小会降低机组的制冷效率，严重情况会导致蒸发器的冻结。故变流量和定流量一般指的是系统的负荷侧环路，也就是末端机房空调到分集水器的管路。

1）定流量

在冷冻水机房空调上安装电动三通阀，当空调全负荷运行时，电动三通阀处于直通状态，旁通关闭，冷水全部进入空调制冷，当机房负荷较小，温度控制器调节三通阀旁通打开，冷水旁通直接进入回水管，回到冷机；定流量过程中系统循环水量保持不变，通过控制三通阀来改变供水量和旁通水量，从而改变冷冻水型机房空调的制冷量，对于制冷主机则是水量不变，仅仅是改变了供回水温度。定流量系统水泵一般采用定频设计，也可以采用变频启动，但这里的变频器并不进行调速，主要是改变水泵的启动性能和防止产生水锤现象。定流量系统简单，操作方便，也不需要烦琐的自控设备，但是由于不管机房热负荷大小，水泵始终安装最大流量运行，因此，水泵的功耗较大，特别是机房负荷较小时，运行费用较高，不符合数据中心节能减排的宗旨，仅适合在较小的数据中心采用。

2）变流量

变流量系统是在空调水管管路上安装电动二通阀或者比例调节阀，当机房温度高于空调设置温度时，温度控制器全开阀门；当低于设定点时，温控器全关阀门；通过比例调节阀，改变冷冻水型空调获得的供水量，来改变制冷量，在这个过程中，供回水温度是基本不变的，保持在一定范围内，当机房负荷发生变化时，调节阀会改变水系统的流量，特别是当机房负荷较低时，需要的流量较小，这时水泵的流量也可以相对减少，从而降低水泵的功耗，符合当前数据中心节能减排的目标和宗旨。当然对于系统来说，水泵必须采用变频技术来适应末端比例调节阀的调节。

大型数据中心一般设计成变流量系统，水泵采用变频，在末端，也就是冷冻水型机房空调安装比例控制阀，控制所用水量，这样设计比较节能，虽然会加大投资，但综合收益非常理想。

部分数据中心也开始采用变频离心机组，这种情况下采用的是冷水机组变流量运行，冷机的水量容许在 40% ~ 130% 运行，水泵采用调速泵，节能更为明显；在总供、回水管之间设旁通管和电动旁通调节阀，旁通调节阀的设计流量取各台冷水机组允许的最小流量中的最大值。在多机多泵并联系统中，冷水机组根据负荷变化也可进行能量调节控制，但只要能量控制没有达到一台水泵停止或起动的条件，无论末端水量如何变化，系统水量只是在负荷侧管路和压差旁通管路之间进行流量分配和调整。

2.4 循环水泵

水泵是一种把机械能转换为液体能量，让水在水系统中循环起来的装置，冷冻水和冷却水的循环都是通过水泵来进行的。水泵的节能除采用变频装置外，应采用较大直径的管道、尽量减少管道长度和弯头、采用大半径弯头、减少换热器的压降等。

1. 循环泵的流量

如果系统设置为一级泵（单级泵），则循环泵的流量一般根据冷机的流量来选择，在确定好冷机后，就可以选择水泵的流量；如果系统设置为二级泵，则一次泵的流量为对应的冷水机组流量；二次泵的流量为根据分区内最大负荷计算出的流量。在选择水泵时，必须考虑一定的富裕量，一般为上述流量的 1.05 ~ 1.1 倍。

2. 循环泵的扬程

闭式冷冻水系统中，水泵的扬程为管路阻力、制冷机组蒸发盘管阻力、末端机房空调和管件阻力之和。开式冷却水系统中，水泵扬程为管路阻力、制冷机组冷却盘管阻力、冷却塔阻力和冷却塔底盘到冷却塔上部之间的高差。同样，在设计水泵的扬程时，也需要乘上 1.05 ~ 1.1 的安全系数，作为最终的选择结果。

3. 循环泵的选型要求

从目前的数据中心空调来看，冷冻水部分均选用的是闭式系统，水泵的流量较大，但扬程普遍不高，从上海、杭州数据中心的经验来看，水泵的扬程基本为 15 ~ 28m 水柱，乘以 1.1 的安全系数后，水泵的扬程为 30m 左右。另外，考虑数据中心的连续制冷，一般考虑选择质量较好的离心泵，最大流量大于 500m³/h 时采用双吸泵，小于 500m³/h 可以采用单吸泵。

4. 水泵和机组的对应方式

对应形式可以是多机对多泵形式，或者是一机一泵形式，两种设计各有特点，从运行的不间断性和可维护性出发，数据中心一般采用后者。

1）多机多泵方式

多机对多泵的形式，就是多台水泵并联和多台冷机并联后进行串联，这样可以提升机组和冷机的冗余度，相当于提升系统组件的可用性。

但是在实际使用过程中，特别是运行部分机组时，如果未关掉相应阀门，会造成水流量旁通，使机组 COP 降低，也使水泵运行工况点偏离额定工况点，电耗增加。

多机对多泵的优点是循环水泵可互为备用，管道系统简单；缺点是运行操作麻烦，易造成失误，电气配对设计要复杂一些。另外，多台水泵并联，选择时要按照泵的特性曲线进行并联分析，使工况点满足不同台数运行时的需要。

2）一机一泵方式

一机一泵形式，是一台水泵对应一台冷机，这种方式的电气控制设计方便；可避免运行人员频繁人工开或关主机或冷却塔入口阀门，适应部分负荷时的运行；也非常利于操作和设备安全，并简化开机的步骤，开启主机同时只要开启相对应的水泵即可，简化操作又节约能源，不存在运行部分机组时出现水流旁通降低机组 COP 问题，这是目前数据中心采用较多的设计方式。

5. 一级泵和二级泵系统

一级泵系统称为一泵到底，又称单式泵系统，是指冷源侧与负荷侧合用一组循环泵的系统，如果在冷源侧和负荷侧分别配置循环泵的系统就称为多级泵系统。

1）一级泵

一级泵整个水系统由以下两个环路组成：一是冷源侧环路，它是指从集水器经过冷水机组至分水器这一环路，按定流量运行；一是负荷侧环路，它是指从分水器经过空调末端设备至集水器的这一环路按变流量运行，一级泵系统比较简单，操作维护方便，现有的数据中心设计多采用这种方式，按照末端流量是否变化它又可分为一级泵定流量系统和一级泵变流量系统。

一级泵变流量系统的控制原理如下：当机房负荷下降时，负荷侧机房空调的二通调节阀陆续关闭，供、回水总管之间的压差超过了设定值，此时，压差控制器动作，让旁通管路上的二通调节阀打开，使部分冷冻水不经末端机房空调设备而从分集水器的旁通管直接返回冷水机组，从而确保冷水机组的水量不变。

2）二级泵（复式泵）系统

在数据中心空调系统中，水泵等输配系统的能耗为 25% ~ 35%，为了节能，需要进一步降低输配系统的能耗，最有效的手段就是采用两级泵设计。

二级泵系统是指冷源侧和负荷侧分别配置循环泵的系统，冷源侧循环泵和负荷侧循环泵是相互分开的。由冷水机组、供回水总管、一次泵和旁通管组成一次环路，也称冷源侧环路，该环路水泵曲线可以选用平坦型；由二次泵、空调末端设备、供回水管路与旁通管组成二次环路，也称负荷侧环路，该环路水泵曲线可以选用陡峭型；这样的选择有利于制冷机组运行的平稳和保证蒸发器的安全运行，同时降低输配能耗，和一级泵相比，节能潜力较大，在大型数据中心，二级泵设计可以作为优先选择的节能方案。

数据中心也可以采用共管设计，当一次侧冷机流量大于二次侧负载流量时，就是正向混水模式，这种情况下可以降低冷机供冷能力输出；反之就是逆向混水模式，需要增大冷机供冷能力。如果放大共管的尺寸，改成蓄冷罐，配合蓄冷罐蓄冷技术，同样采取二级泵设计，在降低节省水泵能耗的同时，可以增加系统的可靠性。

冷冻水泵和冷却水泵变流量运行时，需要一对一配置变频控制柜。

2.5 冷却塔

冷却塔是循环冷却水系统中的一个重要设备，它利用水作为循环冷却剂，把从数据中心吸收到的热量排放至大气中，以降低水温的装置。冷却塔按照形式可以分为开式塔和闭式塔，由于闭式塔投资大，数据中心普通选用开式塔。当采用开式冷却塔时，需要设置旁滤及化学加药装置。冷却塔按照水和空气的流动方向，可以分为逆流式冷却塔、横流式冷却塔两种，考虑检修维护性的方便，建议南方地区选用横流塔，其体积大、便于检修，北方由于防冻、防风沙要求，可以选用逆流塔。

1. 冷却塔要求

冷却塔可根据总体布置要求，设置在室外地面上或屋面上，由冷却塔的集水盘存水，直接将自来水补充到冷却塔，在布置中，系统管路最高水位尽可能不超过冷却塔进水，以防止管路上空气积聚。在实际情况中，数据中心多为 4～5 层设计，冷机和水泵放置在地上一层或者地下一层，冷却塔布置在屋顶为主，同样，在进行水系统管路建设时，要防止管路空气积聚的问题。

2. 冷却塔的冷却水量

在民用空调上，冷却塔不用考虑最大负荷和最恶劣气候，否则，会带来投资和运行上的浪费；而数据中心要考虑夏季工况和冬季免费制冷工况，为了安全性，必须按极端湿球温度选，从冬季的自然冷却的角度出发，冷却塔散热量也尽可能放大一些，即冷却塔留有一定的余量，才能保证数据中心空调系统的正常运行和合理的节能效果，这和民用空调有着较大的区别。虽然这样做会导致投资成本增加，但是这些投资相比较数据中心的安全和节能来说，是值得的。

3. 冷却塔并联

冷却塔的数量与主机一一对应时，利于操作和管理，这种情况下的冷却塔备份可以采用系统冗余来解决。如果多台冷却塔并联，各冷却塔易出现冷却塔之间管道阻力不平衡问题，导致部分冷却塔一直补水、部分冷却塔一直溢水的情况，需要冷却塔之间增加平衡管解决。

4. 注意事项

数据中心冷却塔尽量选用效率高、衰减小的，填料材质要好，保证较长的寿命，并把阻燃填料为第一优选，冷却塔位置应考虑不受季风影响；考虑冷却塔使用过程对冷却塔水盘的腐蚀作用，特别是水质处理时对水盘的影响，可以选用不锈钢水盘；另外，由于数据中心是全年连续运行，还要设计冬季防结冰措施，寒冷地区要考虑使用电加热和电伴热，风叶要考虑抵抗大雪且不易折断。

2.6　板式换热器

板式换热器是具有一定波纹形状的金属片叠装而成的一种新型高效换热器。它具有换热效率高、热损失小、结构紧凑轻巧、占地面积小、安装清洗方便、应用广泛、使用寿命长等特点。在相同压力损失情况下，其传热系数比壳管换热器高 5 ~ 7 倍，占地面积为管式换热器的 1/3。

选用板式换热器时宜优先采用单边流型，且应优先采用传热系数大的设备（常用板式换热器的传热系数一般为 5000 ~ 6000W/m^2·K）。

2.7　群控

群控就是依据数据中心机房空调负荷需求，自动调节优化控制多台冷水机组及相关外围设备的运行，如按顺序开启设备，保证设备安全运行，自动完成设备的轮换使用。群控可以根据室外温度或时间表，自动投入或停止冷机，也可以在运行时间表时内，以合理的机组运行台数匹配用户负荷，平衡各机组的运行时间，延长机组寿命，实现节能、高效地运行。

群控可以对指定的冷冻机组进行开关操作，操控相关冷冻水泵、冷却水泵、冷却塔及电动蝶阀的启停，也可以显示外围设备和冷水机组的运行状态和主要参数，也可以根据突发事件自动启停备用设备。

3 数据中心空调系统注意事项

3.1　管网和设备的备份和冗余

考虑数据中心空调系统的重要性，T3 和 T4 标准的重要管网或者核心管网应为环形管路或双支路设计，管路和阀门的配置必须满足系统"在线维护"的要求，而冷机、冷塔、水泵和末端可以采用 N+1 备份，水系统的补水以市政给水为主，蓄水池和深井水水源作为后备。

空调系统规模较大时，宜按两个单元设置，可互相切换，独立或共同运行；冷水机组、冷却塔、冷冻水泵、冷却水泵按 N+1 冗余配置；每个单元宜能独立满足冬季负荷制冷需求，以便另一单元可以进行季节性停机检修。

3.2　预防市电中断

数据中心水系统在设计时，需要考虑到市电中断对数据中心的影响和危害，要考虑到整个供冷系统中断对数据中心的影响，因此，根据不同的要求采取以下这些措施是有必要的。

1. 水泵不间断运行和自启动

循环水泵非常重要，尤其是冷冻水泵，水泵一停止工作，所有机房都无法获得冷量，所以要确保水泵的正常运行，水泵电源可以采用双路市电，配备ATS自动切换，同一系统的水泵可以采用交叉配电的方法，确保一路市电中断后不会导致所有的水泵停机，水泵可以配置自启动或者具有远端启、停功能，确保水系统正常工作。

2. 选用 UPS 电源（EPS 电源）

T4标准的数据中心冷冻水循环水泵和冷冻水型机房空调（末端）可以考虑采用 UPS 或 EPS 电源，同时配合蓄冷技术的应用，就可以避免市电中断对空调系统的影响，缺点是会加大数据中心投入的成本。

另外，空调主机控制电源可以考虑采用 UPS 供电，冷冻主机在市电完全中断后，恢复重启需要时间，这个时间大部分机组设置在3分钟左右，这3分钟对高密度数据机房非常重要，处理不好容易导致机房内服务器发生宕机退服，为缩短重启时间，中央空调主机控制系统可以采用 UPS 电源，当市电中断后，控制系统不会失电，市电恢复后，系统就不需要重启，这样可以部分缩短市电中断后对中央空调系统的影响。

3. 蓄冷技术

考虑市电中断后，冷冻机组从开机到正常运作需要一定的时间，这个时间一般为15分钟，由于大型数据机房功率密度大，机房空调停电时间过长可能导致服务器宕机，故必须进行一定数量的冷冻水量储备，如建立蓄冷罐或者蓄冷池，蓄冷容量按空调正常运行 10 ~ 15 min 考虑，设置蓄冷措施的系统，其冷冻水循环水泵及室内冷冻水空调末端风机均应采用不间断电源作为备用电源，确保机房设备安全运行。

3.3 水源储备

由于数据中心中央空调系统最后的热量排放基本靠水蒸发带走，所以，每个数据中心需要储备一定数量的水源作为冷却塔的蒸发水量和排污水用，水源储备一般保证 8 ~ 12 小时，宜设置双路补水水源。考虑到市政停水可能会超过这个时间，影响整个中央空调系统的使用，数据中心中央空调水源储备要求更长的时间，但是大型数据中心，更长时间的水源储备量过于庞大，难以实施，可以考虑深井水或附近水源取水等应急方案。

3.4 阀门及水系统附属设施

（1）蝶阀：这是一种以圆盘为关闭件，围绕阀轴旋转来达到开启与关闭的一种阀。在管道上主要起切断和节流作用。它的特点是阀门口径大，而安装空间要求较小，比较适合数据中心管网使用；阀门等组件的配置需满足系统"在线维护"的要求，即任一组件（不含管道）可进入"离线"状态，进行周期性、预防性维护，维护时不影响系统的"在线"运行。

（2）放气阀：排空气用，将水循环中的空气集中或在局部位置自动排出。它是空调系统中不可缺少的阀类，一般安装在闭式水路系统的最高点和局部最高点。

（3）止回阀：主要用于阻止管路中介质倒流，主要安装在水泵的出水段，防止水锤等异常情况的发生。

（4）过滤器：空调系统安装中，水管内会留下脏物，水系统在长期运行中，也会不断产生一些污物，为了防止空调设备和系统局部发生堵塞现象，要求在冷水机组、水泵、末端空调等重要设备水流入口处，设置过滤装置。

（5）电动二通阀或三通阀：根据负荷控制温度，如果低于整定值时，通过电动阀调节或关断来调节水量。

（6）膨胀水箱：为收集因水加热体积膨胀而增加的水容积，防止系统损坏，需要设置膨胀水箱，另外，膨胀水箱还起定压作用，膨胀水箱接于系统内不同的位置，可以改变水系统内的压力分布。条件允许时，宜优先采用高位膨胀水箱定压。安装高位水箱有困难或条件不允许时，可采用落地式气压罐或常压罐定压。

注意事项：阀门是水系统维护中的短板和薄弱环节，为保证阀门的可靠性，尽量使用优质的阀门，以降低阀门故障漏水等机率，从而提高系统的安全性和可靠性。水系统的一些关键部位，如两个水系统的联络阀门等处，可以使用高质量阀门（双密封阀门）或者设置两个以上的阀门，当系统中某个设备或某个阀门发生故障时，确保可以关闭，在系统冗余范围内及时维修，不影响整个系统的正常运行。要严把阀门质量关，重要场合可以双阀设计。

3.5　管路局部细节问题

水系统的设计，要利于水系统的运维和调试，所以，在设计时要考虑维护和调试的方便。

系统管网最低处要设计和安装一个比较大的排污阀，以便于排污。排污阀太小会影响排污效果；排污口不在最低处，会造成排污不够彻底。而且经常操作的排污阀门或者排水阀门最好采用双阀门设计，一个阀门用来减压，另一个阀门用来关闭，这样可以确保阀门可靠地工作。

考虑调试和维护的方便性，建议近端和远端设计水路旁通，高位设排气阀，便于水路循环的建立和排除空气。管网安装中应适当增设过滤器和旁通冲洗阀门，利于维护。

在水管建设过程中，也要考虑垫圈材料的选用，某工程在水系统建设中，一开始采用橡胶垫圈，始终有少量渗漏现象，后来改用聚四氟乙烯垫圈后，彻底消除了垫圈漏水的问题。

另外，在室外部分的仪器仪表，如温度计和水压表，普通的仪表一年就会腐蚀，故最好能选用不锈钢材质的，经久耐用。

3.6　自然冷却设计

数据中心为了降低能耗水平，可以考虑自然冷却，目前使用较多的是新风系统和冷却塔供冷技术。只要室外气温够低，空调系统配置的冷却塔便可以提供温度足够低的冷水，直接作为冷源来消除设备发热量，而不需要开启冷水主机，可节省大量电费，使用开式冷却塔的可以和板式换热器进行换热后实现自由冷却免费供冷；如果采用闭式冷却塔的，则可以省去板式换热器，直接使用冷却塔供冷技术，让冷却水和冷冻水连通就可以供冷。

板换和冷机的运行方式有 3 种方式：并联方式、串联方式和串并联方式，其中最常用的方式是并联方式；这种方式是当冷却水水温较低时，停掉冷机，开启板换，将自然冷源直接送到机房内。这种方式控制比较简单，但是需要板换承担所有的负荷，所以，这种方式利用冷源的时间较短。

串联方式，就是冷冻水先进板换，和冷却水先进行热交换降低温度，之后再进入冷机，由冷机将水温冷却到合适的温度，这种条件下，板换的使用时间可以延长，自然冷却使用的频次可以增加。

串并联方式就是对上述两种方式的灵活应用，在冷机和板换的进出口设置4 只转换阀门，通过阀门的启闭来达到不同管路的切换，从而实现在水温够低的情况完全靠板换供冷，而在水温较高时板换部分供冷，降低冷机负荷的目的。

3.7　变频控制

现有水冷式中央空调节能的理论基础是基于中央空调设计中存在一定富裕量，在部分负荷运行情况下，系统存在"大马拉小车"的现象，有较大的节能空间。所以，对数据中心中央空调系统的冷却泵、冷冻泵和冷却塔风机和末端冷冻水型机房空调风机电机采用变频技术，利用变频调速技术做到空调末端需要多少冷量，主机供应多少冷量，输配系统输送多少冷量的最佳匹配，从而实现系统的节能；另外，冷机采用变频技术，有利于主机避开喘振区，并有一定的节能作用。

3.8　提高冷冻水供回水温度

适当提高冷冻水供回水温度可以部分节能。传统的冷冻水空调系统供／回水温度为 7℃/12℃，根据数据中心的特点，可将冷冻水空调系统供／回水温度同时提高 2～5℃，根据经验，冷冻水出水温度每升高 1℃，可节电 2%～4%，可以降低冷水机组功耗，提高空调系统整体的运行效率。

需要注意的是，冷冻水水温提升后，整个空调系统的输配系统能耗会增加，要根据数据中心的具体条件来找出整个空调系统的最佳运行工作点，从而确定冷冻水的供回水水温。

3.9　较低的冷却水温度

根据经验，冷却水入口温度每降低 1℃，可节电 1.5%～3.0%。冷却水入口温度应在符合冷水主机特性及室外气温、湿球温度的限制下尽可能地降低，以节约冷水主机的耗电。

在较低的冷却水温时冷水主机耗电降低，但冷却水塔耗电升高，两者耗电之和存在一个最佳运转效率点。冷却水塔应与冷水主机的运转一起考虑，才能使系统整个效率提高。要达到最佳化控制，冷却水设定温度应随室外气温、湿球温度而变化。

3.10 水质管理

数据中心冷却水系统基本采用开式水系统，在运行过程中，有灰尘、杂质进入系统形成污垢，运行过程中会滋生细菌和藻类，冷却水蒸发也会形成垢层，影响设备热交换效果，所以，需要定期进行水质管理，常用的有物理法和化学法，物理水处理主要有：内磁型水处理器、电子型水处理器等；化学水处理主要有：加药罐旁通加药等自动加药装置。为防止管路和设备受阻损坏，采用开式冷却水系统的管路应设置砂过滤和加药装置。对于采用闭式冷却水系统和冷冻水系统宜设置常规水处理装置。

4 水系统操作

4.1　目的

规范离心式冷水机组操作程序，确保安全，正确地操作冷水机组。

4.2　开机前的检查

（1）检查电源电压的指示是否在额定值容许的范围内。

（2）检查油位是否超过低位视镜，油温是否正常。

（3）检查导叶是否在正常位置，控制位是否在自动上。

（4）检查冷冻水温度设定值是否为7℃（根据数据中心具体要求确定）。

（5）检查主电机电流限制设定值是否在100%的位置（根据数据中心具体要求确定）。

（6）控制屏的各种显示是否正常。

4.3 开机步骤

（1）启动冷冻水泵。

（2）启动冷却水泵。

（3）启动冷却塔风扇。

（4）启动空调主机。

（5）开机流程如图5-1所示。

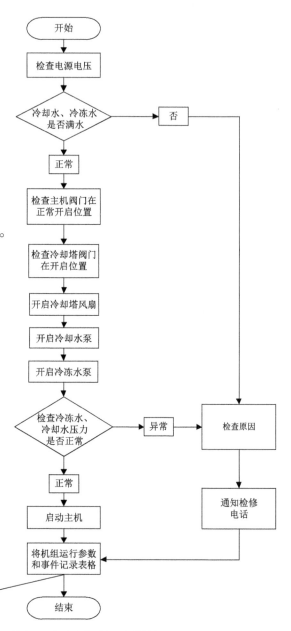

图 5-1 数据中心冷水机开机流程图

4.4 冷机巡检

冷机巡检流程如图 5-2 所示。

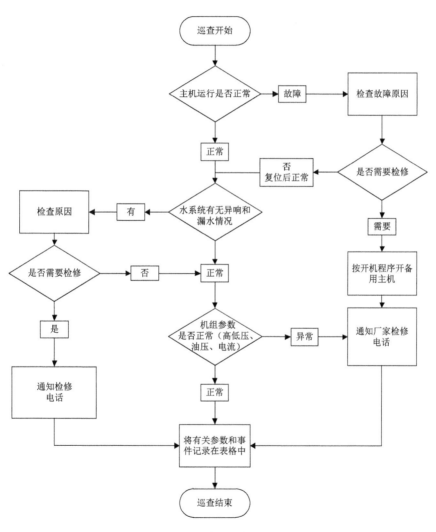

图 5-2   冷机巡检流程

4.5 停机步骤

（1）关闭导叶（减载停机）。

（2）停空调主机。

（3）停冷却塔风扇。

（4）停冷却水泵。

（5）停冷冻水泵。

篇幅限制，更具体的操作详见各设备厂家操作说明书。

5 水系统维护

5.1　维护目的

通过不间断维护，确保空调系统运行的安全稳定和绿色节能。

5.2　维护手段

定期巡检、定期主动维护和预防性维护（预检预修）相结合。

5.3　制冷机组的维护

（1）制冷机组的操作请严格遵照厂家说明书进行，要按照正常程序和步骤执行自动或手动开、关机程序；根据数据中心负荷情况自动或手动执行加减机操作；掌握机组出现故障时的紧急停机方法和操作要求。

（2）每天定时巡视记录机组运行情况，检查运行数据是否正常，查阅机组报警内容。

（3）每天定时巡视记录供油压力、油温是否正常；每季检查润滑油油位，根据需要补充合格的润滑油；每年清洗油过滤器并检查润滑油的质量，润滑油每两年更换一次；使用的润滑油应符合要求，使用前应在室温下静置24小时以上，加油器具应洁净，不同规格的润滑油不能混用。

（4）每天定时巡视记录冷冻水进出水温、水压和水量情况；巡视蒸发温度和蒸发压力；能根据冷冻水出水温度和蒸发温度差（蒸发器小温差）判断蒸发器的结垢情况，根据需要清洗蒸发器水管内的结垢。

（5）每天定时巡视记录冷却水进出水温、水压和水量；巡视冷凝温度和冷凝压力；能根据冷却水出水温度和冷凝温度差（冷凝器小温差）判断冷凝器的污染情况，根据需要清洗冷凝器水垢。

（6）每天定时巡视记录压缩机电机的三相电源和电流值是否正常，监视主电动机温度，关注主电动机冷却状况；巡视压缩机和整个机组的振动是否正常，是否有异常噪声；离心机要巡视主轴承温度和轴位移是否正常。

（7）每月定期对机组及周围环境进行清洁，及时消除油、水、制冷管路、阀门和接头等处的跑、冒、滴、漏现象。

（8）每季定期检查压缩机、电机和系统管路部件的固定情况，如有松动及时紧固。

（9）每季定期检查机组外部各接口、焊点是否正常，有无泄漏情况；每季检查制冷剂液位是否正常，根据需要补充制冷剂。充注制冷剂、焊接制冷管路时应做好防护措施，戴好防护手套和防护眼镜，配备必要灭火设备。

（10）每年检查判断系统中是否存在空气，如果有要及时排放。

（11）每年测量压缩机电机绝缘值是否符合要求。

（12）每年检查压缩机接线盒内接线柱固定情况；检查电线是否发热，接头是否松动；定期检查控制箱内电气是否存在接触、震动等现象，防止元器件和电缆磨损损坏。

（13）每年检查机组电磁阀和膨胀阀（孔板）工作是否正常。

（14）制冷机组的检修必须由具备相应资质的专业技术人员担当，并遵照厂家技术说明书进行。

5.4　冷冻水型机房空调（末端）维护

（1）每天两次实地巡查机组运行是否正常，有无异常告警。

（2）每月检查皮带松紧度和磨损情况，调整或更换。

（3）每季更换或清洁空气过滤网。

（4）每季检查比例调节阀工作是否正常。

（5）每季检查冷凝水排水情况及机组出风情况是否正常。

（6）每年测试水浸片是否正常。

5.5　冷却塔的维护

（1）每天定时巡视记录冷却塔运行电流。

（2）每天两次实地检查冷却塔运行情况；风叶转动应平衡，无明显振动、刮塔壁现象；水盘水位适中，无少水或溢水现象。

（3）使用齿轮减速的，每季停机对齿轮箱油位检查、补油；皮带传动的每月对皮带及皮带轮检查，必要时进行调整；每季检查风机轴承温升并补加润滑油。

（4）每月清洗冷却水塔、塔盘。

（5）每季定期检查布水装置是否正常。

（6）每季检查凉水塔补水装置是否正常。

（7）每季检查填料使用情况，是否有堵塞或破损。

（8）每年一次检测冷却塔电机绝缘情况。

（9）每年检查冷却塔管路及结构架、爬梯等锈蚀情况，及时进行处理。

（10）冬季情况下冷却塔要做好防冻措施；停用的冷却塔要放光水盘内的水，风机叶片要防止因积雪导致变形。

（11）5年左右更换冷却塔填料，可根据具体使用条件确定冷却塔填料更换周期。

5.6 水系统管网和水质维护

（1）每天检查管道、阀门等处有无滴水、漏水情况；管道保温材料上是否有漏水迹象。

（2）每季检查管道有无异常位移、下沉、弯曲和变形情况，发现情况及时上报。

（3）每季检查阀门表面，看有无渗漏、锈蚀等异常情况，发现漏水情况及时处理；定期对阀门进行操作，确保启闭灵活。

（4）每季检查管道法兰有无腐蚀、松动、漏滴水等异常情况。

（5）每季检查水系统管路，管道及各附件（软接、止回阀、水处理器）外表整洁美观、无裂纹，连接部分有无渗漏，发现问题及时处理。

（6）每年对水管管路和阀门去锈刷漆，保证油漆完整无脱落；保温层破损的及时进行修补。

（7）每季检查管网吊支架安装是否牢固，有无脱离、变形等异常情况；检查防止管道木托有腐蚀变形等异常情况。

（8）每月检查冷却水是否清洁，根据需要进行水质更换；定期进行水质分析，根据需要进行水质处理，如定期加入杀菌灭藻剂、阻垢剂和缓蚀剂等（可外委进行）。

（9）每季检查冷冻水系统软化水水质情况，检查软化水系统。

（10）每月检查膨胀水箱，水质应干净，箱体无积垢；水箱水位适中，无少水和溢水现象。

（11）每月检查压力表和温度计指示是否准确，表盘需清晰，损坏的应及时进行更换。

（12）每月检查冷却塔和膨胀水箱补水浮球阀是否正常。

（13）每季清洗水管管路上的过滤器（过滤器两端压差超过 0.05MPa）。

（14）冬季情况下室外管路要做好防冻措施。

（15）分水器、集水器压力表及温度计计量准确。

（16）膨胀水箱水质干净，箱体无积垢。

（17）每年进行管网泄漏和停水应急演练。

5.7 水泵的维护

（1）每天巡视记录水泵电流和压力表读数，检查有无异响或振动，检查水泵漏水情况。

（2）每月清洁泵组外表及机房环境卫生。

（3）每季补充润滑油，若油质变色，有杂质，应予以检修。

（4）每季检查水泵密封情况，若有漏水应进行检修。

（5）每年对联轴器同心度进行测试和校准，检查联轴器的连接螺栓和橡胶垫，若有损坏应予以更换。

（6）每年紧固机座螺丝并对泵组做防锈处理。

（7）每年一次对水泵检修，对叶轮、密封环、轴承等重点部件进行检查，并根据情况清洗叶轮和叶轮通道内的水垢。

5.8　电机、配电及控制系统的维护

（1）各电机运行正常，轴承润滑良好，绝缘电阻在 2MΩ 以上；所有接线牢固，负荷电流及温升符合要求。

（2）各变频器、启动器和开关的规格应符合要求，温升不应超过标准。

（3）各种电器、控制元器件表面清洁，结构完整，动作准确，显示及告警功能完好。

5.9　蓄冷罐维护

（1）每天检查液位是否正常，蓄冷罐内温度分布是否正常。

（2）每季检查蓄冷罐相关阀门工作是否正常。

（3）每季检查蓄冷罐罐体有无变形、腐蚀、开裂或沉降等异常情况。

5.10　板换维护

（1）根据冷却水水温情况，当满足自然冷却条件时，正确开启板换。

（2）每天定时监视换热器的运行情况，如水压、水量、进出水温度并做好记录。

（3）每月定期分析换热器进出水质情况，防止换热器结垢影响换热效果。

（4）根据需要打开换热器，检查板片的腐蚀、结垢情况，仔细检查板片是否有渗漏现象，检查板片胶垫是否老化。

（5）检修换热器时要关闭换热器进出水阀门。

Chapter **6**

风冷型空调运维指南

1 风冷精密空调室内机的主要维护工作

风冷精密空调室内机的主要构成器件包括：蒸发器、压缩机、风机、过滤器、加湿器、加热器、排水系统、控制器、电控系统、膨胀阀、视液镜等。

机房精密空调，在维护机房环境稳定和保障数据中心安全方面起着重要的作用，因此，对其进行合理科学的维护十分必要。空调中每个不同的组成器件，维护的方式各不相同，下面就针对各个不同的器件，了解一下其维护的特点。

1.1 蒸发器

蒸发器是室内机的换热设备，制冷剂在蒸发器内充分发生蒸发膨胀，吸收大量的热能，使空气的温度降低，达到制冷的效果。如图 6-1 所示为某国产知名品牌的 M/W 型蒸发器。

蒸发器是由铜管与翅片冲压而成的，在日常使用过程中，为了确保换热效果，应通过日常的维护，保证蒸发器处于良好的状态。

图 6-1 某国产知名品牌的 M/W 型蒸发器

然而实际应用中大部分情况并不理想,常见的问题如下:

- 部分机房在建设过程,不能做好充分的保护,导致空调设备内部有很多污垢。
- 空调在安装过程中操作不当导致蒸发器翅片受损。
- 空调管路泄漏,导致蒸发器上有大量的冷冻油等。

针对上述问题,一般的保护及维护方法如下:

- 在机房建设过程中,机房空调也在同时进行安装,此时要对空调设备做好充足的保护,避免蒸发器翅片受到撞击而受损,另外,由于机房在建设过程中灰尘较大,要做好防尘保护。
- 当翅片受损或倒塌时,可以用翅片梳进行梳理,使其恢复原来的状态。
- 及时更换空气过滤器,确保过滤效果,当空气过滤器较脏时,切不可因风阻过大而直接将其拿掉,这样污垢会进入蒸发器翅片,可能会对翅片造成永久伤害。

1.2 压缩机

压缩机是整个制冷系统的心脏,是空调室内机最重要的部分之一。它从吸气管吸入低温低压的制冷剂气体，通过电动机运转带动活塞对其进行压缩后，向排气管排出高温高压的制冷剂气体，为制冷循环提供动力，从而实现压缩→冷凝（放热）→膨胀→蒸发（吸热）的制冷循环。

目前，市场上主流的机房精密空调常用涡旋式压缩机，其特点是效率较高。

针对压缩机的特点，以及在整个制冷系统中的作用，在日常维护工作中，主要关注以下几方面。

1. 系统压力

压缩机是维持制冷系统高低压力的核心，是整个系统的动力。压缩机在正常工作时，高低压的压力值会在一个正常的范围内，如表6-1所示，并且相对稳定。相反，当压缩机工作不正常时，压力值也会有所异常。所以，在日常的维护工作中，对压缩机工作压力的测量非常重要。常用的压力测量工具是双头压力表。

表6-1 高低压的正常范围参考压力值

序号	测量参数	正常范围参考值（R22）kPa（PSIG）	正常范围参考值（R410a）kPa（PSIG）
1	压缩机吸气压力（低压侧压力）	300（43）~620（90）	750（109）~1050（152）
2	压缩机排气压力（高压侧压力）	1500（217）~2000（290）	2300（334）~3100（450）

当检测到压力值超出正常值范围时，要进一步判断压缩机或制冷系统是否存在故障。

- 当压力偏低时，要检查是否系统中制冷剂充注不足，或者是存在泄漏问题等。

- 当压力偏高时，要检查冷凝系统（室外机）是否正常工作，或者是系统中是否存在堵塞问题等。

2. 电气参数

通过检测压缩机运行时的电气参数，也可以检测其运行状态是否正常。检测工具常用钳型电流表。

3. 振动与噪声

正常情况下，除了启动与停机外，压缩机的工作声音是比较平稳、低沉的，经验丰富的工程师通过听压缩机的工作声音，就基本可以判断压缩机的工作状态是否良好。下面是一些工程师的经验分享。

- 压缩机启动时声音异常，可能存在的原因有：压缩机液击、压缩机的相序接反导致压缩机反转、制冷剂与润滑油不足等。
- 压缩机运行时声音异常，可能存在的原因有：制冷剂充注量异常、润滑油不足、压缩机底脚固定钣金未拆除、压缩机机械故障等。

4. 冷冻油

用于制冷压缩机内各运动部件润滑的油称为冷冻油。

在压缩机中，冷冻油主要起润滑、密封、降温及能量调节 4 个作用。

（1）润滑。冷冻油在压缩机运转中起润滑作用，以减少压缩机运行摩擦和磨损程度，从而延长压缩机的使用寿命。

（2）密封。冷冻油在压缩机中起密封作用，使压缩机内活塞与汽缸面之间、各转动的轴承之间达到密封的作用，以防止制冷剂泄漏。

（3）降温。冷冻油在压缩机各运动部件间润滑时，可带走工作过程中所产生的热量，使各运动部件保持较低的温度，从而提高压缩机的效率和使用的可靠性。

（4）能量调节。对于带有能量调节机构的制冷压缩机，可利用冷冻油的油压作为能量调节机械的动力。

针对市场常用的制冷剂 R22、R407C 与 R410a，使用的冷冻油并不相同。使用 R22 的压缩机，一般使用矿物油，常见型号为 3GS 油。使用 R407C 与 R410a 的压缩机，则使用 POE 油来润滑。需要注意的是，因为 POE 油，能够快速吸收空气中的水分，使用 POE 油的系统，要确保系统中的 POE 油不能直接与空气接触超过 15 分钟，否则，必须更换系统中的所有 POE 油，以确保冷冻油的润滑效果。

制冷系统中，制冷剂的添加量变化，会导致系统中冷冻油的稀释，影响冷冻油的润滑和冷却效果，因此，需要添加相应量的冷冻油。追加公式如下：

$$系统需追加冷冻油量＝制冷剂添加量 \times 22.6\text{mL/kg}$$

1.3　室内机风机

空调室内风机是驱动室内空气与蒸发器进行循环换热的动力，室内风机工作时，产生正负压区，机房内的风由空调的回风口进入，与蒸发器进行间接换热后，成为冷风，通过风机送至机房的热负载区进行冷却。

目前，市场上常用的空调室内机有如下两种。

（1）直联离心风机：特点是高效率、高可靠性、风量大、送风距离远、维护方便。

（2）皮带传动离心风机，特点是技术简单、送风量比直联离心风机小、需要维护皮带，如图6-2所示。

室内风机的日常维护工作主要有以下几点。

图6-2 皮带传动离心风机

- 观察风机工作状态：主要是通过摸、听，摸空调机组室内机，感受风机是否有异常振动；听风机的工作声音，是否存在异常，如叶片刮边的声音等。
- 检测风机的工作电流：使用钳流表，检测风机工作时的三相电流（室内风机一般不使用单相电机），是否在正常范围内。
- 皮带传动离心风机需要定期更换皮带，确保传动的效率（皮带失效时，会导致空调风量不足，出现低压故障、蒸发器或压缩机吸气口结霜、结冰等现象）。

1.4 节流机构

机房空调较常用的节流机构是外平衡式热力膨胀阀。其工作原理是通过控制蒸发器出口气态制冷剂的过热度来控制进入蒸发器的制冷剂流量。膨胀阀是机房空调四大主要部件之一，它工作的好坏，将直接影响到制冷系统运行的质量。

一般情况下，膨胀阀在空调设备出厂前，厂家已经调节好，日常的使用过程，并不需要对其进行维护。专业的工程师在调测需要时，会调节膨胀阀，热力膨胀阀的调整工作，必须在制冷装置正常运行状态下进行。

- 利用压缩机的吸气压力作为蒸发器内的饱和压力，查表得到近似蒸发温度。用测温计测出回气管的温度，与蒸发温度对比来校核过热度。
- 调整中，如果感到过热度太小，可把调节螺杆按顺时针方向转动（即增大弹簧力，减小热力膨胀阀开启度），使流量减小；反之，若感到过热度太大，即供液不足，可把调节螺杆朝相反方向（逆时针）转动，使流量增大。
- 由于实际工作中的热力膨胀阀感温系统存在一定的热惰性，形成信号传递滞后，运行基本稳定后方可进行下一次调整。因此，整个调整过程必须耐心细致，调节螺杆转动的圈数一次不宜过多过快（直杆式热力膨胀阀的调节螺杆转动一圈，过热度变化改变 1~2℃）。

1.5 干燥过滤器

顾名思义，干燥过滤器在制冷系统中的作用是吸收系统中的水分，确保系统干燥，过滤系统中的杂质。干燥过滤器一般为焊接或丝接两种，丝接的容易更换，但同时也容易发生泄漏，焊接的则相反。

干燥过滤器的维护要求有以下几点：

- 干燥过滤器容易堵塞，在安装时，要注意对管路内部的清洁。

- 调测时，要确保抽真空的时间能够满足要求，否则，系统内有过多的空气会导致水分残留而堵塞干燥过滤器。
- 当干燥过滤器堵塞时，干燥过滤器的两侧会有较为明显的温差，通过用手去触摸可以清楚地感受到。

1.6　视液镜

视液镜的作用是观察系统内的气泡或闪蒸气体，确定冷媒剂量是否需要填充，镜内中心位置的指示器元件对水分高度灵敏，并随着系统内的水分含量的变化逐渐改变颜色，通过颜色的变化，可以判断系统内是否有过多的水分存在。

1.7　加湿器

机房精密空调的加湿器主要有两种，一种是电极式加湿，另一种是红外加湿器。

（1）电极加湿器：利用水可以导电的原理，将两根或多根电极插入水电，并通电将水加热至沸腾，从而产生水蒸汽。其特点是加湿器的结构及原理相对简单，成本较低，但对水质的要求较高，维护工作量较大。图 6-3 所示为电极加湿器。

（2）红外加湿器：由高强度石英灯、不锈钢水盘、过热保护器等构成。利用石英灯发出的红外线对水盘中的水进行照射，可在水不沸腾的情况下就产生洁净的水蒸气进行加湿。特点是结构复杂，成本较高，但对水质的依赖较小。图6-4所示为红外加湿器。

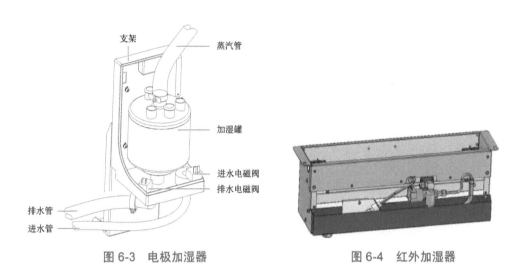

图6-3 电极加湿器 　　　　　　　　图6-4 红外加湿器

加湿器的日常维护工作主要有以下几方面：

- 在安装调试加湿器时，要仔细检测加湿的进水管与排水管，确认是否连接到位且固定良好，有无泄漏情况。

- 定期清洁加湿，尤其是电极加湿器，对水质的依赖性强，在部分水质较硬的地区，电极加湿器连续工作情况，很快就会有大量的水垢积淀在加湿罐中，如果不定期清洁，可能会堵塞排水口，导致加湿罐"烧开锅"，同时也会导致加湿电流过大的情况发生。红外加湿器对水质的要求相对较低，但也不能忽视日常的清洁保养工作，同样需要定期对加湿水盘进行维护。

- 在日常加湿过程，也要检查加湿电流是否正常、加湿器能否正常补水、排水管排水是否通畅等。

1.8　加热器

机房精密空调一般都具有电加热的功能，但主要是作为除湿工况下的温度补偿，所以，加热功率一般不会太大。目前，数据机房的热功率密度都比较大，在正常的运行中，需要大功率加热的情况非常少，特殊的应用环境下，如档案室等发热量不大，但又有恒温恒湿需求的情况，则需要较大的加热量，此时需要对机房精密空调进行非标设计。

电加热器的日常维护工作量不多，主要是检测其加热时的工作电流是否正常。

1.9　空气过滤器

空气过滤器也称过滤网，主要作用是维护机房空气的洁净度，保护蒸发器。目前，机房精密空调用的空气过滤器一般要求达到 G4 的过滤等级。

某国产知名品牌的空气过滤器，采用了贴附蒸发器的设计，风阻较小。

空气过滤网属于易耗品，需要定期检查空气过滤器的清洁情况，尤其是新建机房，在建设初期机房环境洁净度较低，空气过滤器很快就会变脏，如果不及时更换，会加大空调的回风阻力，导致回风量不足，系统存在低压故障的风险，长时间下去会导致蒸发器或压缩机结霜、结冰，严重的会导致压缩机损坏。

1.10　控制器

控制器是维护人员操作机器的主要器件，每个厂家的控制器操作界面、功能也不尽相同。

在日常维护工作中，对控制器的维护主要包括以下几项：

- 检查显示器的显示是否正常，有没有花屏或黑屏的情况。
- 检查控制器的各项功能操作是否正常，如手动模式下进行风机、压缩机、加湿器手动排水等功能。
- 检测控制器的供电电压是否正常。

1.11　电气系统

按照以下几项对电气系统进行外观检查并进行处理。

- 整机电气绝缘测试：查找不合格的触点并进行处理。测试过程应注意断开控制部分保险或空气开关，避免高电压对控制器件的损坏。
- 静态检测各接触器的吸合是否灵活、有无卡阻。
- 用毛刷或干燥压缩空气对电气和控制元器件进行除尘。
- 检查接触器触点吸合有无拉弧和烧痕现象，严重时更换相应的接触器。
- 紧固各电气连接端子。
- 检查对插快速接头是否接触良好，如果发现有松动的情况应进行更换端子。

2 室内机的维护计划

为了确保机房空调设备的安全稳定运行，需要根据机房维护管理规范及设备的运行情况，按维护时间来制订计划。下面是半年度维护计划与月度维护计划，可以参考。

2.1　半年度维护计划

1. 过滤网

（1）检查过滤网是否有破损、堵塞。

（2）检查过滤网堵塞开关。

（3）清洁过滤网。

2. 风机部分

（1）风机叶轮有无变形。

（2）轴承有无磨损。

（3）检查并紧固电路接头。

3. 压缩机部分

（1）检查有无泄漏。

（2）聆听运行声音、观察运行震动情况。

（3）检查并紧固电路接头。

4. 风冷冷凝器（如果有使用的话）

（1）冷凝器翅片的清洁度。

（2）风机安装底座是否牢固。

（3）风机减震垫是否出现老化或破损。

（4）防雷板是否仍有效（如果有防雷板,在雷雨多发季节最好一周检查一次）。

（5）转速控制器电压调节功能。

（6）温度开关处在规定的设定值。

（7）制冷剂管路有适当支撑。

（8）检查并紧固电路接头。

5. 水冷冷凝器（如果使用的话）

（1）清洗水管路系统。

（2）检查水流量调节阀功能。

（3）检查水系统是否渗漏。

6. 制冷循环系统

（1）检查吸气压力和吸气过热度。

（2）检查排气压力和冷凝过冷度。

（3）检查制冷剂管路。

（4）检查系统含水分情况（通过视液镜观察）。

（5）检查热力膨胀阀。

（6）检查液路旁通阀（水冷系统）。

（7）检查是否需要添加制冷剂（通过视液镜观察）。

7. 加热系统

（1）检查加热系统元件的运行。

（2）检查元件受腐蚀情况。

（3）检查并紧固电路接头。

8. 电极加湿器

（1）检查排水有无堵塞。

（2）检查加湿器注水阀、排水阀。

（3）检查矿物质沉积物。

（4）检查水质。

（5）检查电极。

9. 电气控制部分

（1）检查保险丝和空开。

（2）检查并紧固电路接头。

（3）检查控制程序。

（4）检查接触器的吸合情况。

2.2 月度维护计划

1. 过滤网

（1）检查过滤网是否有破损、堵塞。

（2）检查过滤网堵塞开关。

（3）清洁过滤网。

2. 风机部分

检查风机叶轮有无变形。

3. 压缩机部分

（1）检查有无泄漏。

（2）聆听运行声音、观察运行震动情况。

4. 风冷冷凝器（如果使用的话）

（1）冷凝器翅片的清洁度。

（2）风机安装底座是否牢固。

（3）风机减震垫是否出现老化或破损。

（4）防雷板是否仍有效（如果有防雷板，在雷雨多发季节最好一周检查一次）。

（5）制冷剂管路有适当支撑。

5. 制冷循环系统

（1）检查吸气压力。

（2）检查排气压力。

（3）检查制冷剂管路。

（4）检查系统含水分情况（通过视液镜观察）。

（5）检查液路旁通阀（水冷系统）。

（6）检查热力膨胀阀。

6．加热系统

（1）检查加热系统元件的运行。

（2）检查元件受腐蚀情况。

7．电极加湿器

（1）检查水盘排水有无堵塞。

（2）检查加湿电极。

（3）检查水质。

Chapter 7

综合布线系统
运维指南

1 数据中心布线系统运维管理区域

数据中心布线系统的日常运维与管理的核心在于数据中心各个配线区域的跳线管理，如 MDA 主配线区域、IDA 中间配线区、HDA 水平配线区或 EDA 设备配线区等。而对于跳线的管理可以分为传统标识管理模式和智能布线系统软件化的管理模式两大类。

数据中心的配线区域即管理区域，根据数据中心的规模大小而定，通常 MDA 主配线区域与 EDA 设备配线区域是必须设置的，而 IDA 中间配线区域与 HDA 水平配线区域需要根据规模设置。

数据中心根据不同的级别设置布线系统的冗余要求，数据中心的布线架构参考 TIA942 的要求规划为 Tier1 ～ 4 共 4 个级别。

根据不同的规模与等级的数据中心，对数据中心的管理核心即各配线区域的跳线系统进行有效管理是数据中心布线运维管理的关键要素。

2 传统跳线管理流程

在数据中心管理区域,铜缆和光纤跳线的管理中必须遵循正确的操作程序,以便实现最佳的性能和可靠性。在各个层次贯彻最佳操作规范还能最大限度地减少与移动、添加和更改相关的成本。有关跳线管理的最佳操作规范可分为四大部分:规划、准备、配线、验证。

2.1 铜缆和光缆跳线操作规范

1. 规划阶段

(1)变更请求。各种管理活动、移动、添加或更改(MAC)均始于变更请求。变更请求必须含有启动规划程序的所有必要信息。

(2)搜索记录。收到请求表后,应对记录进行搜索,以确定所用电路路径。

(3)高效路由。确定正确的跳线长度前,首先要找出待连端口之间的最佳路由。通常为通过水平和垂直缆线导管的最短路由,而且不得阻碍或妨碍配线架中的其他跳线或连接器。选择跳线应避免过度松弛,确保外观整洁。跳线太紧会增大对连接器的拉力,而过度松弛则会给跳线管理带来麻烦,增加配线架的管理难度。

（4）注意光缆纤芯直径匹配。单模或多模光纤跳线不可相互匹配，多模分为 OM1、OM2、OM3 及 OM4，不同等级的光纤不可相互连接，否则，影响整体链路性能。

（5）光纤安全预防及责任。光缆传输信息所用激光可能对视网膜造成不可救治的损害。请勿直视通电光缆，不得将显微镜或其他放大设备连接至通电的光纤。一定要穿戴相应的护眼设备，将未使用的端口盖住。

2. 准备阶段

（1）对于铜缆，为了减少中断时间，应在实施管理操作之前尽量多做准备，研究管理记录。确定需要连接、重新连接的端口的位置及相关端口的标签信息。

检查跳线是否损坏，必须确保跳线的型号和质量正确无误及连接部位的清洁，重新使用跳线时尤需如此。

（2）对于光缆跳线检查必须确保跳线的型号和质量准确无误及连接部位的清洁，排除物理损坏。

3. 配线阶段

配线架的安装，应根据操作规程完成各个阶段的工作。跳线施工中纽结、毛刺、箍缩和接触不良均有可能大幅降低跳线性能。要避免此类问题，应重点考虑以下因素：

1）弯曲半径

跳线的允许最小弯曲半径需要遵守跳线厂商的操作规范。

标准规定，非屏蔽双绞线（UTP）的最小弯曲半径应为缆线直径的 4 倍，屏蔽双绞线则为缆线直径的 8 倍。如果弯曲半径小于此标准，则可能导致导线的相对位置发生变动，从而导致传输性能降低。

2）跳线拉伸及应力

配线过程中，请勿用力过度，否则，可能加大对跳线和连接器的应力，从而导致性能降低。

3）捆扎

跳线不一定都需要捆扎，如果捆扎，需要遵守厂商的捆扎原则，不要捆扎过紧，否则会引起对绞线变形。请勿过分拧紧线夹，应以各条跳线能自由转动为宜。请使用专用产品，考虑选择无须工具即可反复使用的产品，如尼龙粘扣带。

4）注意光纤跳线的弯曲半径

光纤跳线所需最小弯曲半径因缆芯直径而异。对于 1.6mm 和 3.0mm 纤芯，最小弯曲半径为 3.5cm，超过弯曲半径可能导致多的信号衰减，并对信道性能产生不利影响。

4. 验证阶段

（1）花些时间对连接进行最后可视化检查是值得的。确保跳线松弛处未纽结、未被机柜门夹住。

（2）最后一步是根据现用配置更新记录，关闭与已经执行完毕的变更请求相关的工单。

2.2 光缆的极性管理

1. 一般原理

大多数光纤系统都是采用一对光纤来进行传输的，一根用于正向的信号传输，另一根用于反向的传输。在安装和维护这类系统时，需要特别注意信号是否在相应的光纤上传输，确保始终保持正确的传送接收极性。LAN 电子设备中使用的光收发器具有双工光纤端口，一个用于传送，另一个用于接收。由于这些端口在所有光纤 LAN 设备上都十分常见，因此在两个工作站间的布线中应用称为"交叉连接"的技术便至关重要。双工交叉跳线和配对交叉布线的应用极大地简化了这种光纤网络的布线管理工作。在正确安装后，这些系统将自动确保正确的信号极性，因此，终端用户无须担心连接点上信号的传送和接收的一致性。同一应用系统（如以太网）中的所有双工光电收发器的传送和接收端口位置都是相同的。从收发器插座的键槽（用于帮助确定方向的槽缝）朝上的位置看收发器端口，发送端一般在左侧，接收端在右侧，如图 7-1 所示。

图 7-1　收发器极性

将收发器相互连接时，信号必须是交叉传递的。交叉连接是将一个设备的发送端连接到另一个设备的接收端。信道中的各个元件都应提供交叉连接。信道元件包括配线架间的各个跳线、适配器（耦合）及缆线段。无论信道是由一条跳线组成的，还是由多条缆线和跳线串联而成的，信道中的元件数始终是奇数。奇数的交叉连接实际上等于一条交叉连接，按这样的程序无论何时发送端都会连接到接收端，而接收端也总是连接到发送端。

2. 插头和适配器互通

如图 7-2 所示为双工连接插头和适配器。在将凸起键向上放置时正视双工连接头的插头（插入光纤），左边的是 A，右边的是 B。插头上的凸起键和适配器上的键槽使插头只能以一个方向插入适配器，从而确保插头 A 插入适配器的 A 位置，插头 B 插入适配器的 B 位置。

因为适配器前后两端的键槽朝向相同（如向上），所以，适配器在两个配对的插头间提供了一个交叉连接。这种结构使适配器前端的右侧位置（标有 A）与面向适配器后端时的左侧位置（标有 B）相匹配。这样，插头上的位置 A 就会与另一个插头上的位置 B 配对（反之亦然），从而在适配器中形成交叉连接。通常插头和适配器上都标明字母 A 和 B 以便于识别。

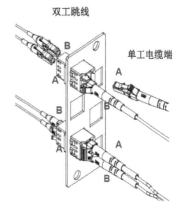

图 7-2　双工连接插头和适配器

3. 跳线交叉连接

双工跳线可以提供交叉连接，原因是光纤一端的插头位置将会连接到另一端相反的插头位置。为清楚起见，图中以 3 个不同的方向标示了该交叉跳线。在所有视图中，两根光纤都是一端连接插头位置 A，另一端连接位置 B。请注意连接头上的键槽位置。

如今的大多数光纤系统均在一对光纤传输的基础之上，用其中的一条光纤将信号以一个方向进行传播，用另一条光纤实现反向传播。对该系统进行安装和维护时，重点是确保信号在正确的光纤上传播，以使发射——接收极性始终如一。

4. 端到端光纤信道极性管理

使用对称定位方法形成的端到端连接，起点是主要的交叉连接，经过了中间的交叉连接或者水平连接，最后到达通信信息口。对于图中的每一缆线节段和每一跳线，一端将插入适配器 A 位置，另一端将插入 B 位置。

两个工作站之间所布的布线信道内有着众所周知的"跨接"。固定的缆线节段必须按照各光纤对中的跨接进行安装，使光纤对中的每根光纤的一头插入适配器 A 位置，另一头插入 B 位置。要完成作业很简单，只需按照两种方法之一来决定适配器的方向并调节配线架中的光纤顺序即可。

当相同定向的适配器进行交叉连接时，信号从奇数编号的光纤中转移至偶数编号的光纤中。没有按照以上方法进行操作时，可能会出现极性问题。任何一个违背了 A-B 规则的连接，将减少一个跨接并可能产生偶数个跨接，继而导致系统内出现错误的极性。有时，安装人员或者用户试图通过减少链路中的另一个跨接来解决这个问题，这可以通过使用单工跳线或者使用直连跳线代替跨接缆线来实现。这个方法可能导致缆线管理出现问题而应避免采用该方法，因为这些跳线在以后可能会被无意地用于有着正确路由的信道中。要解决极性问题，必须确定哪些配线架中未按照规定应用上述方法，并分别进行纠正。记住：在正确安装的光纤连接中，在 A 位置输入的信号将在 B 位置输出。一旦正确安装了这些系统，将一直能保持极性。

5. 预端接的极性管理

在数据中心有高密度预端接光缆的使用，这种光缆采用多芯数连接器 MPO/MTP，这种连接器可以是 12 芯为一组，在极性管理中可以一次完成 6 组全双工光纤链路的极性管理，大大提高了光纤的管理效率。MPO/MTP 的极性管理有 A、B、C 三种方法，分别从跳线部分、模块部分和主干缆线部分进行极性转换。请参考 TIA568B-1 AD7 标准中对这三种方式的描述。

2.3　光纤跳线及连接器的清洁

1. 光缆连接器的清洁的重要性

光纤连接器是通信光缆交接箱，光缆配线架、柜中的重要核心，它对清洁程度要求很高，灰尘直接影响其光学指标。注意保持光缆连接器的清洁。虽然光纤连接器、跳线、尾纤及连接器在出厂时都会带有防尘帽。防尘帽的作用除了保证连接器清洁之外，更主要的目的是保护光纤连接器端面，避免直接接触连接器端面而损坏连接器。只有在安装、测试、使用时才可将防尘帽除去。一但除去防尘帽，该光纤连接器必须与另一个清洁后的光纤连接器耦合。污渍会阻碍光纤缆芯，产生强烈的背射（反射损耗），而且可能导致衰减（插入损耗）。连接器端表面的松散污渍虽然可能不会对缆芯造成阻碍，但却可能在解除耦合时发生位移，或者可能妨碍光纤间的物理接触，从而导致信号不能正常传输。被固定在连接器端表面间的顽固污渍可能对光纤缆芯造成永久性损坏。

2. 光缆连接器的清洁

对光纤连接器的清洁有接触式和非接触式两种方法，最好是非接触式清洗，以免在清洗时伤害到光纤端面，如果用清洗剂的话，注意不要将清洁剂残留在适配器内或插针体（Ferrule）端面，更不能飞溅到其他可能造成不良后果的地方，尽量使用简单、成本低、便于携带、便于现场操作的方式。

3. 接触式清洁方法

1）低尘擦拭纸

低尘擦拭纸采用原生木浆配以特殊加工工艺，超低粉尘，质地纯净，高效吸水，纸张细腻，不会刮花被拭物表面，用低尘擦拭纸配合无水酒精对光纤连接器进行擦拭，特点是操作简单，成本低。

2）水刺法无纺布

水刺法无纺布不产生纤维屑，强韧，不带有任何化学杂质，丝般柔软，不会引起过敏反应，而且不易起毛和掉毛，可作为理想光纤连接器或插针生产或测试时清洁用擦拭布，配合无水酒精对光纤连接器进行擦拭。

3）光纤专用清洁棉签

光纤专用清洁棉签专门设计用于陶瓷套管内部清洁，或者用于清洁法兰盘（或适配器）内不易到达的插芯端面，分为 1.25mm 和 2.5mm 两种规格。1.25mm 用于清洁 LC，2.5mm 用于清洁 FC/SC/ST 等。1.25mm 的特点是可以弯曲的铝棒，方便用户弯成多种清洁角度，也可以清洁磷青铜套管。

4）粘除法

将强力粘合剂置于塑料棒的顶部，做成类似火柴棒一样的粘胶棒，把它伸进连接器，把光纤端面的脏物粘出来，这种方法仍属接触式清洗法。

5）专用清洁器

光纤连接器专用清洁器采用专用成卷的擦拭带，装在可卷动的外壳中，无须酒精，每次清洁都非常有效并产生一个全新表面，方便实用。

4. 非接触式清洁方法

1）超声波清洗法

超声波清洗法的原理和其他超声清洗方法没有很大差别，关键是在如此小的空间内如何将清洁液变成超声"液柱"送到连接器端面，并在同样小的空间内将废液回收并吸干净。整个过程只需要十几秒。对连接器除了应该清洗的地方不会有任何接触，更不会有任何有害残留物。

2）高压吹气法

高压吹气法的原理是在连接器端面先涂上清洁液，然后用高压气对准连接器端面吹。这种方法的优点是时间短，只需几秒就可搞定，但是还有吹出来的气体随机飞扬，弄不好还会留下一些残留物等缺点。另外，在没有高压气的地方使用不便。

不管用何种方法，对于一些严重污染的连接器还是很难清洗干净的，需要配合使用棉花棒及酒精等清洗液处理。清洁完光纤连接器后，都必须对端接面进行检查。一般做法是使用 100 倍、200 倍或 400 倍的放大镜进行检查。检查完一个脏的连接器后，应再清洁测试仪上的探头，避免又去测试另外的连接器导致其他连接器的交叉污染。所以，清洁测试仪的探头是非常重要的。如果使用不洁的测试跳线，可能将污染扩散导致非常高的损耗。

2.4　跳线标识管理

单根线缆/跳线标签最常用的是覆膜标签，这种标签带有粘性并且在打印部分之外带有一层透明保护薄膜，可以保护标签打印字体免受磨损。除此之外，单根线缆/跳线也可以使用非覆膜标签、旗式标签、热缩套管式标签。单根线缆/跳线标签常用的材料类型包括：乙烯基、聚酯和聚氟乙烯。对于成捆的线缆，建议使用标识牌来进行标识。这种标牌可以通过尼龙扎带或毛毡带与线缆绑扎固定，可以水平或垂直放置。

3 智能布线运维管理方式

3.1 传统数据中心智能布线管理应用区域

传统网络架构数据中心的网络采用 TIA-942A 类型的布线拓补方式的构架，布线系统绝大部分采用 EOR 的管理方式，有明显的区域设置，如 MDA（主配线区）、HDA（水平配线区）、EDA（设备配线区）等。根据智能布线管理的特点，MDA 与 HDA 两大区域按标准要求设置成交叉连接（Cross-connect）方式，大型数据中心在 MDA 与 HDA 之间设置 IDA（中间配线区），中间配线以光纤管理为主，MDA、IDA 区域宜采用智能光纤配线系统，同时此两区域也会有少量用于设备管理端口应用的铜缆，根据实际管理要求，也可增加铜智能布线架管理。而 HDA 主要采用铜缆为主，此区域采用智能铜缆布线系统，对于采用 SAN FC 的网络配线区，同样部署智能光纤配线系统。EDA 通常采用直连（Inter-connect）方式，通常 EDA 区域直接连接设备，此区域通常不再设置智能布线系统，但在智能布线软件中会将 EDA 区域具体信息录入，纳入到软件管理范围。我们大致可以根据数据中心的网络拓扑制定出智能布线管理的相应图示。

3.2 虚拟化数据中心智能布线管理应用区域

随着云计算的数据中心共享 IT 资源池的应用服务模式成功的案例越来许

多，数据中心虚拟化技术应用越来越广泛，除了服务器虚拟化外，网络设备也开始越来越多地采用虚拟化技术，采用虚拟化技术的数据中心网络架构与传统数据中心有较大的差异。云计算虚拟化数据中心为降低延时，普遍采用二层网络架构，服务器端大量采用 TOR 的网络架构，与传统 EOR 不同，TOR 架构每个服务器机柜单独配置接入层交换机，使得 TIA-942A 中定义的 HDA 与 EDA 融合在了一起。

3.3 智能布线实现的管理目标

传统布线系统的管理只能依靠手工对管理记录进行更新，设备和连接的改动往往很难在第一时间反应在管理文档中，造成很多误差的产生。智能布线管理的最大作用是弥补了网管系统在物理层管理监测中的不足，使 IT 管理人员能够实施 7 层网络协议的全面管理。

智能基础架构管理解决方案旨在为配线、跳线管理提供帮助。解决方案能够帮助各种组织应对日益增加的压力，用更少的资源，更快地完成 MAC 任务。

智能布线的特点如下：

（1）实时性——避免管理的时间延迟。

（2）逻辑性——避免管理的低效率。

（3）集中性——避免人力资源的过多投入。

（4）安全性——侦测非法设备的侵入。

在计算机的参与下，使结构化布线系统可实施、可管理、可跟踪、可控制。以降低管理成本，缩短故障定位，排错时间。智能布线系统是一种将传统布线系统与智能管理联系在一起的系统。通过智能布线系统，将网络连接的架构及其变化自动传给系统管理软件，管理系统将收到的实时信息进行处理，用户通过查询管理系统，便可随时了解布线系统的最新结构。通过将管理元素全部电子化管理，可以做到直观、实时和高效的无纸化管理。

GB 50174—2008《电子信息系统机房设计规范》中对电子配线架也提出要求。在条文说明 10.2.4 中对电子配线架也提出要求："机房布线宜采用实时智能管理系统，可以随时记录配线的变化，在发生配线故障时，可以在很短的时间内确定故障点，是保证布线系统可靠性和可用性的重要措施之一。"

3.4 智能布线主要功能

1. 实时智能管理

（1）通断实时监测功能：监视和管理所有通断链路的所有完整信息，准确定位端口位置。

（2）端口变更实时监测功能：对系统端口增加，移动和改变的实时监测功能。

（3）查找终端的非法接入：查询设备的上层信息（IP 地址和 MAC 地址）对所有的设备进行准确定位，并和其物理端口位置相连接，通过设备的 IP 地址和 MAC 地址查询设备的详细信息。

2. 图形化显示

通过图形直观查询终端设备的位置，智能布线系统的管理软件可以图形化显示物理层的连接架构，包括所在的国家、城市、建筑物、楼层、房间、机架、配线架、缆线和网络设备等。并可以通过软件了解到任意管理元素的详细内容。

3. 数据库搜索功能

由于所有的现场操作是被记录在案的，所以，可以进行精确的搜索查询。

4. 网络资产管理

实时观测所有端口（包括配线和网络交换）的运行状况。智能布线系统可以进行资产管理，管理软件对连接在系统内所有的设备进行运行管理（包括配线设备、交换机、服务器等），统计设备的使用率和闲置率（如配线端口、网络端口、机柜空间和功率等），并且实现图形显示。通过分析识别使用过度和使用不足的资源，可以有效利用资源，节省不必要的投资，提高运行质量。

5. 远程管理方式

远程控制和管理整个系统，对于出差或在其他地区的管理人员，或者有多个分支机构的公司，位于不同的地点，管理方便。

6. 报告功能

搜索查询的结果和资产管理的数据可以由软件根据不同的要求输出成各种各样的报告，可打印、输出和以邮件形式发送给管理人员。

7. 报警功能

布线系统发生异常情况或者非授权操作时，监测系统可以自动以电子邮件、传呼或其他提示方式等产生告警信息。

8. 布线管理与 IT 管理的结合

结构化布线系统是 IT 服务管理的最底层对象，要为 IT 服务管理提供最基础的信息。智能布线管理系统必将会和 IT 服务管理系统融合，为客户提供全套的 IT 系统规划、采购、实施、运维、咨询、培训的整体服务。

3.5 智能布线系统的日常运维

由于智能布线系统是采用有源硬件与软件结合的管理系统，除了各个区域管理参考上述传统跳线运维管理的要求以外，还需要对智能布线系统本身进行必要的运维管理。

（1）设备供电正常。

（2）硬件与软件系统安装到位。包括但不限于电子设备自检、设备连接检测、设备端口检测、操作屏菜单功能检测。

（3）智能布线系统的软硬件通讯正常

（4）软件使用环境。包括但不限于安装软件的服务器操作系统及相关系统组件、软件的各个功能模组、各个必需的服务（Service）的运行状态、数据库的完整性、操作界面、服务器网络配置。对于软件固化在硬件中的系统，该步骤可以省略。需要检验通过浏览器是否可以访问到硬件 IP 地址，并进入软件界面。

（5）软件应用（数据库）。包括但不限于软件登录账号检查、软件各功能模块功能测试、软件各视图的关联性检查、软件搜索／报告／日志功能的检查，软件各关联操作功能检查。部分项目信息已经录入到智能布线系统的管理软件中，如建筑物信息、楼层信息、机柜、网络设备及服务器信息。这些信息将在验收过程中检验软件功能。

Chapter 8

KVM 系统操作及维护指南

1 前言

　　大型数据中心的带外管理系统大都是采用 KVM over IP 技术来实现的，系统的组成主要有 KVM over IP 切换器、IP 串口访问切换器和集中综合管理平台（软件）设备组成。由于 KVM 系统对数据中心 IP 设备的日常维护、紧急故障修复的重要性，而 KVM 系统的自身建设又有一定的复杂性，因此，除了系统设计和设备的质量外，还需对安装调试测试验收严格把关，对后期日常运行也需要建立完善的巡视和维护、应急处理等制度。

　　下面就对管理系统（KVM）的测试验收、定期维保、标准操作流程、常见问题的应急处理等方面分别进行简单的介绍。

2 设备测试验收要点

2.1　验收范围

验收范围包括：设备安装工程、网络连接、设备调试等。

2.2　测试验收方法和规则

KVM 设备验收将在用户处统一进行，验收将请用户项目组人员参与监督，验收后填写设备验收报告并由项目经理签字确认。

经过若干工作日的试运行，如果没有重大故障发生，特别是没有系统中断的现象发生，在允许的前提下，厂家将和用户对 KVM 项目所有的内容进行验收，验收通过后，该套系统工程所实现的功能即可为用户服务。

此后用户负责系统的运行及日常的维护、管理，有关技术支持及售后服务请参考后文的内容。

验收的内容是通过运行日志的分析来评判系统的稳定性、可靠性及容错性的能力。

验收的结果要求提供由参加验收的各方签名的验收报告，附上试运行期间的有代表性的运行日志记录，并且给出验收的明确的结果：通过验收或未通过验收。

1）出厂检验

本项目采用的设备在出厂之前均通过符合标准要求的出厂质量检验。

2）设备到货验收测试

设备到货后，正式交付用户项目组之前，由用户项目组和厂商共同对设备进行验收，如果通过验收，则可以交付给用户项目组。设备到货验收的地点为合同中明确的用户项目组指定地点，并且，设备到货验收通过，用户项目组收货后，用户项目组应保证设备完好，直到进行系统安装、调试及试运行，迎接系统验收。

验收内容包括外包装、加电查看系统配置与合同是否相符。

加电自检通过就确定为设备测试通过，在此基础上填写设备加电验收报告。

3）初步验收

设备安装、调试达到技术规范书规定的指标后，可进行验收测试（初验）。验收测试合格后。双方签署验收协议，设备入场开通试运行。

4）系统终验

当整个系统进入试运行期，厂商将向用户项目组提供行之有效的技术支持以确保整个系统的稳定和有效的运营；并确保整个系统能够顺利通过系统终验。

与此同时，将通过这些具体的技术支持帮助用户项目组工作人员熟悉和掌握这些设备和维护技术。

系统试运行期对整个系统而言是一个非常重要的时期。在此期间，由于用户项目组技术人员的技术水平、设备管理、设备操作和设备维护之间的磨合，将会出现一些意想不到的设备问题和人为故障。由于用户项目组的技术人员对相关设备不熟悉，所以，一些技术问题一般需要通过厂商技术人员的指导进行解决。

系统试运行期对用户的技术人员而言是逐步熟悉和掌握系统所提供的新设备和新技术的重要时期。

在系统试运行期，厂商将提供必要的现场技术支持，并解决有关技术问题。同时通过定期维护以避免设备故障的发生。另外，将帮助用户项目组的技术人员提高他们的技术水平，以便通过他们的努力使用户系统运行更加高效。

3 定期保养维护要点

在重大节假日前和每月定时，都要对设备进行巡检维护，具体步骤如下：

3.1 查看设备状态指示灯

1. KVM 交换机指示灯

设备指示灯包括网口、电源指示灯和远程用户操作指示灯。

2. 集中管理平台 CC-E1 指示灯

设备指示灯包括 CPU 温度过热指示灯、网口指示灯、硬盘工作指示灯、电源故障指示灯和电源状态指示灯。

3.2 查看集中管理平台服务器资源使用情况

通过浏览器直接访问系统后台进行查看，访问网址为：http://IP/status/。

3.3 查看集中管理平台日志和告警信息

远程登录系统菜单栏上有个报告选项，点击报告选项，可以查询错误日志报告、审计报告及相关数据报告。

4 标准操作流程

4.1 接入层 KVM 设备的安装

- 根据设计要求位置安装 KVM 设备，固定安装到机柜，并有足够空间，且高低位置合适，以方便人员管理。
- KVM 设备用设备自带螺丝组装，标准空间安装固定到机柜。
- KVM 设备的安装应与被管理设备之间的带外线缆连接方便。
- KVM 设备安装位置应便于从电源处取电。

4.2 集中控制平台安装

- 集中管理控制平台为系统的核心部分，根据设计要求厂商会同甲方确认后固定安装位置。
- 系统综合管理平台的安装应保证设备的正常工作及可靠性、稳定性、实用性。
- 系统综合管理平台设备安装在网络中心或系统汇聚处，设备固定位置应方便取电及和相关设备汇聚。

4.3 KVM 系统的调试

1. 硬件调试

KVM 系统硬件调试流程如图 8-1 所示。

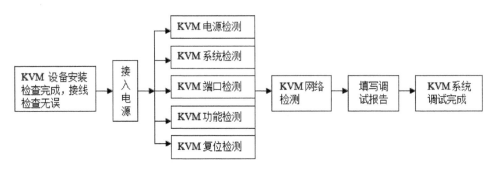

图 8-1 KVM 系统硬件调试流程

2. 软件调试

对系统所管理的设备配置、人员权限、操作方式等进行设定。

可在 KVM 系统中根据机房部署位置和设备部署位置、人员管理权限、设备品牌、设备操作系统、型号等进行系统视图定义，方便管理员快速定位到所需管理和操作设备。

系统维护：密码管理、修复管理、升级管理、备份、恢复等。

5 常见问题及应急处理建议

5.1　目的和依据

　　数据中心机房建设项目 KVM 系统应急预案及措施（以下简称 KVM 系统应急预案及措施）是 KVM 系统遇到紧急情况或运行中断后恢复 KVM 系统所采取的快速有效的应急手段。通过建立包括应急启动、执行、恢复等流程、步骤和技术操作方案，为系统相关组织、人员处理应急情况提供指导，并作为与数据中心其他机房相关人员进行协调的依据。

5.2　适用范围

　　本系统应急预案适用范围是数据中心机房与本系统有关的所有组织体系和人员，适用于数据中心机房建设项目 KVM 系统运行所需的功能、操作和资源。该预案适用于因 KVM 系统突发事件所导致的数据中心机房设备通过 KVM 设备访问发生中断，需要采取应急处置和恢复措施予以应对的操作事件。

5.3　系统及资源

　　1. 系统信息

　　系统中文全称：数据中心 KVM 管理系统；系统英文缩写：KVM。

2. 系统描述

1）系统功能

KVM 管理系统实现了对数据中心 IT 基础设施的全面、系统、深层次管理。借助于 KVM 管理系统，管理人员可以在任何时间、任何地点安全地对数据中心的 IT 基础设施状况进行全局掌控和可视化管理，对系统设备进行日常维护操作，对系统故障进行快速处理，对操作行为进行审计追踪。

2）影响范围

集中远程带外系统出现故障或系统中断导致管理人员、使用人员、维护人员等通过 KVM 进行工作的内容将无法进行，恢复原有的管理和维护方式，不影响业务和应用的中断。

3. KVM 管理系统运行指标

（1）恢复时间目标（RTO）：0 分钟。

（2）恢复点目标（RPO）：10 分钟。

（3）运行维护级别：5×8（9:00 ~ 18:00）。

（4）可用性要求：全年系统可用性达到 99.9%。

（5）性能要求：系统最大并发连接 100 个用户，单台 KVM 设备满足至少 4 个并发用户，单台被控设备允许至少 8 个用户同时访问。

（6）业务连续性要求：7×24 连续运行。

（7）安全性要求：数据传输均为模拟信号传输，信号采用 DES、AES、SSL128 等多种方式加密。

4. 标准处置预案

数据中心机房 KVM 管理系统标准处置预案，如管理设备主备机切换、串口控制器及 KVM 设备切换、计算机接口线缆更换、KVM 线缆故障、用户登录失效、密码丢失等系统标准处置预案。

标准处置：此处标准处置以集中管理设备主备机故障切换为例说明。

该标准处置主要起如下作用：KVM 管理系统集中管理设备出现故障无法实现双机冗余工作情况下，KVM 集中管理备机通过该标准处置可紧急接管服务。

修订日期：2013 年 10 月 1 日。　处置时间：处置时间＜20 分钟。

操作步骤：

（1）派遣经验丰富工程师，具备产品专业知识技术认证者进行环境勘察，熟悉带外网络环境、判断故障原因，给出建议和专业解决方案。

（2）检查故障设备，对于可能发生故障的环节定位。故障系统综合管理平台 Command Center 没有被正常启动，系统出现问题，需重新配置系统，进行紧急恢复。

（3）系统自动启用备用系统综合管理平台管理所有的 KVM 设备，保障 KVM 管理系统的正常使用，现场处理工程师现场重新配置主用系统综合管理平台 Command Center。

（4）配置完成后与备用系统综合管理平台 Command Center 设备进行联调，数据同步，使得双系统综合管理平台冗余畅通，恢复正常的工作环境。

（5）故障系统综合管理平台 Command Center 的硬件检测。主要工作：

① 硬件 Command Center 的基本功能测试。

② 软件进行测试，系统升级。

③ 设备重新启动，系统正常，恢复正常工作。

用查明原因并修复的 Command Center 重新安装，起用集群配置，使带外系统恢复畅通。

5. 系统应急场景分类及描述

1）故障场景分类

系统故障场景按照故障特点分为 4 类：硬件故障场景、软件故障场景、网络故障场景和其他故障场景。

（1）硬件故障场景：主要包含系统硬件方面的故障场景。例如，电源故障、网卡故障、硬盘故障、网卡故障、端口故障、接口模块故障等。

（2）软件故障场景：主要操作系统、数据库软件、中间件等方面的故障场景。例如，系统文件丢失、数据库数据丢失、系统应用文件丢失等。

（3）网络故障场景：主要包含与网络相关的故障场景。例如，集中管理设备和 KVM 设备之间网络中断、KVM 设备和上联交换机网络中断、集中管理和上联交换机网络中断、用户访问终端和 KVM 系统网络中断等。

（4）其他故障场景：主要包含系统相关的外联系统、外部环境等方面的故障。例如，用户访问终端插件冲突、访问进程冲突、浏览器缓存、兼容性等。

2）故障场景描述

此处以设备硬件故障为例，具体故障描述及解决办法如下。

故障事件：数字 KVM 交换机电源故障

事件级别：三级

修订日期：最近一次验证和修订的日期为 2015 年 10 月 1 日

授权级别：系统维护部门授权

处理时间：20 分钟

场景描述：

（1）数字 KVM 交换机电源指示灯为浅红色。

（2）登录设备发现某一路电源故障。

验证方法：

（1）选取一路带电的电源线路，接入 KVM 设备 1 路电源，开机。

（2）重复 A 方案，将电源接入设备 2 路电源，开机。

现场保护：将故障 KVM 设备进行数据备份，并将故障现场拍照，记录设备序列号。

处理步骤：

（1）将备用型号、版本完全一致的设备加电启动。

（2）导入备份数据至备用 KVM 设备，完成数据更新。

（3）检查更换后设备信息，并进行访问测试。

故障处理完成后，检查设备信息，并更新系统相关文件资料，使用部门使用恢复后的系统，直至通过为止。

Chapter 9

DCIM 维护要点

1 前言

数据中心基础设施管理（Data Center Infrastructure Management, DCIM）指的是一套可以监控、管理和控制 IT 相关设备与基础设施的管理工具。新一代数据中心基础设施管理（DCIM），提供了一个更具效益的管理及规划系统，数据中心管理人员将更容易获得其所需的信息，以协助做出明智的决定，进行有效的规划和管理数据中心资产及设施，使企业可以大幅降低数据中心的营运成本，并确保符合公司预期的服务水平。此外，数据中心基础设施管理系统必须能向管理人员提供更多的信息，来辅助经理人提出适当的计划和预测未来数据中心的需求，包括环境监测、电力系统、制冷系统、保全系统、报表管理、数据分析和 IT 整合等。DCIM 是一套自下而上的支撑，自上而下的管理，通过 DCIM 可以随时获知数据中心设施运行的状况，进而满足对上层进行的需要，对下层可以进行相应的指导及决策，随时获知资源的使用情况，便于进行计划决策的调整，随时了解数据中心的运行状况，便于进行问题的处理及解决。

DCIM 不仅是一个软件系统，还是一个方法，通过自动化的手段，能够轻松地将数据中心的动力环境等设施的相关情况，纳入到整体的运维管理流程中，能够清晰地了解到数据中心的各项数据。

DCIM 系统从设计上分为三层结构，分别为信息收集层、信息汇总层和管理层。

（1）信息收集层。信息收集层位于机房各区域内，包括部署每个机柜上的资产管理探测器，部署在每一台机柜内设备上的资产管理标签，二者配合可实现数据中心设备的精确定位和盘点；部署在每个机柜的温度、湿度、气压、气流等传感器，实时探测机柜级微环境。

（2）信息汇总层。信息汇总层位于每列机柜的中部或头部，每列机柜需要部署环境/机架控制器，收集来自该列每一个机柜所部署的智能标签和环境传感器获取的数据，再统一上传至 DCIM 系统。

（3）管理层。管理层使用 DCIM 系统，将所有收集来的数据以可视化的技术进行展现，并根据设置提供各类资源的定位和追踪；数据收集的手段包括：智能标签和环境传感器及第三方的智能 PDU、智能配电柜、各类支持 SNMP 的职能 IT 设备和基础设施。

2 DCIM 系统验收工作的实施

结合对 DCIM 系统的简介及组成的描述，DCIM 系统的工作好坏、全面与否直接影响到了整个数据中心的运行安全和数据的可靠，为此对于 DCIM 系统的验收工作需要结合自身数据中心的规模等要求进行针对性的核对校验工作。DCIM 系统的验收工作从 DCIM 的三个层面展开：实时监控、报表统计、可视化管理。

2.1 实时监控

需要核对各个被监控设施的参量与实际设施的参量是否一致，需要核对的设备有如下几个核心设施：

1. 核心设施 1——UPS 电源

1）检测内容：

• 检测的模拟量参数有 UPS 的输入电压、输出电压、输入频率、输出频率、电池电压、输出电流等参数。

- 检测的状态量参数有逆变器工作状态、整流器工作状态、旁路工作状态、电池组工作状态等。

2）检测方法：

通过 DCIM 提供的图形化界面，核对图形界面上体现的 UPS 相关参数数据与 UPS 液晶上提供的相关状态信息是否一致即可。

2. 核心设施 2——精密空调

1）检测内容

- 检测的模拟量参数有送风温度、回风温度、送风湿度、回风湿度、室内温度、室内湿度、室外温度、室外湿度等参数；
- 检测的状态量参数有空调各部件（如压缩机、风机、加热器、加湿器、去湿器、滤网等）的运行状态和参数与精密空调实际的工作状态是否一致。

2）验收方法

- 通过 DCIM 提供的图形化界面，核对图形界面上体现的精密空调相关参数数据与精密空调液晶上提供的相关状态信息是否一致即可。

3. 核心设施 3——精密配电柜

1）检测内容

- 检测的模拟量参数有输入有功功率、无功功率、视在功率、电流、电压，以及输出支路、有功功率、无功功率、视在功率、电流、电压等参数。

- 检测的状态量参数有支路开关状态、支路超限报警等。

2）验收方法

通过 DCIM 提供的图形化界面，核对图形界面上体现的精密配电柜相关参数数据与精密配电柜上提供的液晶显示的状态信息是否一致即可。

关于监控的相关设备抽取了具有代表性的 UPS 电源、精密空调及精密配电三大部分的设备为例，其他如环境参量（温湿度、漏水检测、气体检测）及机柜微环境系统的验收，以此类推，在进行相关验收工作时，需与实际的信息进行一一对应性的测试验证，以确保 DCIM 数据采集部分与设备实际的情况一致，确保相应的准确性。

2.2 报表统计功能

1. 历史数据查询

DCIM 基于良好的实时数据采集，对于设备的参量信息进行实时采集，周期性进行数据的存储，形成相关的数据后，可形成相关运行曲线等，从时间段上反映相关设备的运行状况，为此对于历史数据的存储及查询是必须实现的，因此，在原来实时监控的基础上，还需要对历史数据进行查询以能够反映设备的工作情况。

验收方法：通过 DCIM 提供的过滤条件对相应的设备进行历史数据记录的查询，形成相关的历史曲线等。

2. 历史事件查询

DCIM 在设备出现报警异常时，应能够及时进行报警状态记录，便于后期进行相关事件的统计及查询，确保能够随时获取一段时间设备相关报警及工作状况的查询，可形成报表及相关的图表来展示相关设备的运行状况及情况。

验收方法：通过 DCIM 提供的查询过滤条件进行历史事件查询，形成相应的报表（饼图、柱图等）。

2.3　可视化管理功能

3D 虚拟现实可视化技术是目前大型数据中心可视化常用技术，其特点是使用建模技术，将数据中心通过形象的可拉伸的动画展现于用户面前，可自由走动拉伸、导航、虚拟设备的摆放位置等，大大提升了 DCIM 系统的可读性，让用户更为直接地理解机房，通过 DCIM 能够更为直观地感受机房的工作情况，及时地定位相关的设备。

验收方法：通过 3D 可视化管理界面，在设备出现故障时，是否能够准确定位，通过鼠标拉伸、键盘移动，多个人称视角的切换来实现不同角度的查看，通过切换看是否能够顺利地打开每个设备，了解详细的信息，等等。

3 DCIM 系统定期维护保养工作的要点

DCIM 系统应用的好与坏，从很大程度上来说可以反映数据中心工作的好与坏。根据 DCIM 系统的架构组成分为了信息收集层、信息汇总层和管理层。各个层级的工作好与坏，直接影响 DCIM 系统的稳定性及可靠性，进而也影响数据中心系统的工作情况，为此针对 DCIM 系统的各个层面的设备都需要做良好的运营维护管理，方可保证系统的可靠。基于目前 DCIM 系统的数据采集及架构已采用了新的技术架构，脱离了原有的总线拓展模式，而更多地采用了多点 IP 化互联互通的方式，将分布在数据中心的各个设备及信息点进行集中汇总，然后通过管理手段进行展现。

3.1 IP 化的采集设备

对于 IP 化的采集设备，市面上流行两种形态，一种为透传模式，另一种为前端智能主机模式。这里以目前最为先进可靠的前端智能主机模式为例，剖析在相关 DCIM 系统中，针对前端采集设备的维护应该注意的事项。

前端智能主机，顾名思义即前端采集设备，它不是纯粹的一个传输设备，其本身具备相应的智能功能，市面上的代表厂商主要是 RICHCOMM，下面就对

RICHCOMM 相关的前端智能主机设备的情况大致先分析一下，然后再看看主要维护的内容有哪些。RICHCOMM 推出的前端智能主机除了对 UPS、空调、配电进行数据采集外，还具备如下功能：

（1）自带本地存储芯片，可在后台 DCIM 系统与前端采集设备间由于某种原因无法进行通信时，与 UPS、精密空调、配电等设备进行通信，进而记录后台与前端通信异常情况下的数据及事件的存储，便于后续的问题追溯。

（2）自带时钟芯片，在后台与前端通信异常时，还能够进行独立的运行时钟，确保相关计划任务的工作不受后台管理系统的影响。

（3）自带本地 Web 管理功能，可在后台管理系统无法正常工作或者短暂通信异常时，可登录前端智能主机页面获取相关设备的运行状态页面。

（4）优化的网络通信架构，所有的设备报警判断都是基于前端智能主机完成的，特别适合于大型数据中心的 DCIM 应用，确保报警的时效性。

（5）智能前端主机独立设置功能，可根据不同设备的通信特性及设备特性进行针对性的设置，确保报警的可靠性，极大地降低了系统的误报率。

为此针对前端智能主机的维护工作，不能仅仅通过 DCIM 管理层别能够与前端采集设备通信，还应该从多个角度去进行验证和测试，以确保系统的可靠。如上述分析，在进行巡检维护中，应该模拟如下几个场景：

（1）模拟后台管理系统与前端智能主机设备出现通信异常的场景。

- 通过网页是否可以登录 IP 化的采集设备，查看相关的 UPS、空调、配电、环境的参数信息。

- 通过网页是否可以登录 IP 化的采集设备，在此期间对 UPS、空调、配电、环境等设备进行模拟状态变化等，在 IP 化的采集设备上是否有相应的事件记录。
- 通过网页设定了空调、UPS 等控制功能，是否能够生效。

（2）对被监控设备 UPS、空调、配电等进行相关的操作，模拟相关的状态信息。

- DCIM 管理端，是否能够收取到相关信息变化，确定 IP 化的采集设备与 DCIM 管理端工作正常。
- 模拟 UPS、空调、配电与前端 IP 化的采集设备的频繁通断，DCIM 系统是否会受到相应的通信异常事件的影响，进而造成系统的频繁报警。

3.2 DCIM 管理服务器

DCIM 管理服务器为各个数据的集中汇总、分析管理用，大量的设备运行信息及数据通过 IP 化的采集设备进行采集分析后送至 DCIM 管理服务器，最终由 DCIM 服务器通过相应的报表等呈现给用户。DCIM 管理服务器包含硬件及软件两个层面。

1. 硬件层面

DCIM 管理服务器一般为较高配置的硬件服务器，维护保养需要注意的主要内容如下：

1）硬件配置升级

当服务器处理的数据越来越多时，服务器的硬盘和内存资源就会明显变得不足，这时就需要升级，增加内存和硬盘时，也需要考虑到兼容性和稳定性。升级硬盘和内存时，最好联系机房专业的技术人员，这样可以保证服务器的稳定。

2）除尘工作的开展

灰尘是服务器的最大杀手，因此，需要定期给服务器除尘。除尘方法与普通 PC 除尘方法相同，尤其要注意电源的除尘。

2. 软件层面

DCIM 管理服务器的软件有应用软件、数据库、操作系统，维护保养需要注意的主要内容如下：

1）数据维护

服务器中的数据库是最重要的了。业务数据都在数据库中保存，一旦数据丢失，对于 DCIM 的打击是巨大的。所以，一定要对数据进行备份，以防停电或者服务器宕机造成的数据盘损坏，可以将数据备份到不同的服务器上。

2）应用软件升级

厂家 DCIM 系统的 BUG 修复、新功能应用的增加等均会进行新版本的发布，所以需要定期进行应用软件升级，确保使用的为最新的软件版本，与厂家保持同步，进而能够获取到更好的支持。

4 DCIM 系统的标准操作流程（SOP）及维护保养操作流程（MOP）

4.1 DCIM 系统的标准操作流程

1. 数据中心设备问题发现及处理标准化流程

1）事件标准化处理流程

DCIM 系统包含动环监控管理系统，通过动环监控管理系统发现相关的动力环境设备的问题，通过多种报警形式通知管理人员，接下来管理人员可以通过 DCIM 系统的事件管理流程完成相关事件的处理。

2）问题标准化处理流程

通过事件管理流程能够就目前出现的问题及时进行解决，为了能够从根本上解决问题，可通过问题处理流程，最终形成相应的问题解决方案，将突发事件减到最小，找出突发事件的根本原因，避免相关事件或问题再次发生。

3）变更管理标准化处理流程

使用正确定义的变更管理程序，并改善营运效率，帮助判断这些操作是否必要？是否合理？发出的变更要求，由授权的技术专家进行检视及审核。完整记录要求和工作顺序，以配合内部及主管机关的稽核需求，提高资产数据库的精确度，提升营运员工的生产力，了解工作顺序的状态，将意外状况减到最少，节省时间与金钱，改善服务质量、服务质量协议（SLA），并以专业方式运作数据中心。具体流程如图 9-1 所示。

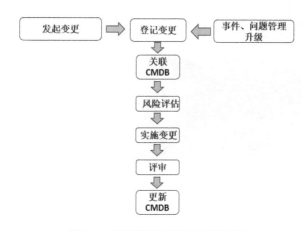

图 9-1　变更管理标准化处理流程

2. 数据中心设备事件数据报表处理标准化流程

通过系统提供的各种报表和视图，管理员或领导既能了解资源的运行状况和运行趋势，还能对整个用户的服务质量进行综合评估管控。

3. DCIM 系统的维护保养操作流程

DCIM 系统的维护保养主要围绕如下几个内容展开：

前端智能设备的维护保养是非常重要的，设备是否能够正常工作、目前的健康指数如何，直接影响 DCIM 系统的正常运行。前端智能设备均属于网络设备，具体的操作流程如下。

步骤 1：对前端智能设备进行维护保养，需要进行断电、网络中断、设备报警等操作，这些操作会影响到后台管理系统的报警，因此，首先需要将 DCIM 系统中相关前端智能设备进行禁用，以免造成相应的事件记录，影响 DCIM 的统计及判断。

步骤 2：首先对前端智能设备设备进行 PING 处理，检查网络的连接是否良好，是否有掉包情况发生，如果有掉包情况发生，则需要检查相应的网络是否良好，如果判断网络正常，则需要更换设备，好的网络是 DCIM 系统运行的关键，如果掉包严重会影响到数据的连贯性。

步骤 3：检查前端智能设备的时钟是否与现在系统时间一致，如果不一致，则需要进行校时处理，时间的一致性会影响系统与前端之间的事件是否同步。

步骤 4：检查前端智能设备的通信设置是否合理，通过查看相关的事件信息中是否有频繁通信中断的信息，如果没有则不用理会，如果有则需要根据实际的通信情况进行设定，以此过滤不必要的误报警。

步骤 5：检查前端智能设备的版本号是否为最新，如果不是，则升级到最新版本，确保相应的程序为最新版本（因厂家发布版本时会伴随解决某些 BUG 或者功能性升级）。

步骤 6：检查前端智能设备的端口等是否正常，通过模拟温湿度超限、开关状态变化，在前端智能设备中是否有形成相关的事件记录，以此来判断各个采集接口是否正常，如有异常则需要检查是线路问题造成的，还是需要更换设备。

4.2　关于 DCIM 服务器的维护保养操作流程

步骤 1：首先检查服务器的硬盘空间大小，是否需要进行更换或者增加。

步骤 2：检查服务器的灰尘情况，如果确定灰尘较大，则需要进行拆机除尘。

步骤 3：上述检查完成后，对于服务器的硬件部分已经完成保养及维护，接下来要检查数据库的大小情况，如果数据库较大，则需要进行相应的备份工作，及时清理相应的数据库，确保系统的运行及数据的安全。

步骤 4：检查服务器的应用软件的版本号，确定是否为最新版本，如果不是则进行应用软件升级，确保应用软件使用厂家发布的最新版本（厂家发布新版本一般都伴随着某些 BUG 的解决及功能的增加）。

步骤 5：通过模拟相关的报警信息等，确定服务器上的报警功能、数据存储、事件存储、报表、流程等功能是否正常。

步骤 6：核对相关的资产信息及机房的布局与展示效果是否一致，如果不一致，则需要进行展示效果的调整及布局的调整，同时形成维护记录。

步骤 7：恢复服务器的正常工作状态。

Chapter 10

运维操作管理系统
DCOM 使用指南

1 数据中心操作管理(DCOM) 产生的业务背景

数据中心人才需求越来越大，如何正步走、不走样。运营交付如何实现高效，快速，透明化，高度自动化，强大过程质控体系，后台总控，末端按指令操作。

基于数据中心调度任务管理事出多头、计划外任务难以管理的现状，为满足高速增长的业务需要，数据中心提出了建设集中、统一的操作运维管理的需求。

（1）建立集中化的操作管理平台，取代现有纸质记录方式，使所有工作有证可依。

（2）所有日常工作安排全部根据服务内容自动生成并分派。

（3）部署移动终端，使日常巡检在线并及时。

（4）建立电子化值班管理，使值班及交接班电子化、自动化，并结合生物识别认证技术。

（5）日常巡检与事件管理系统集成。

（6）统一建设日常运维报表，并自动输出。

2 数据中心操作管理（DCOM）方案内容

2.1 数据中心操作管理（DCOM）解决方案总体框架

如图 10-1 所示为数据中心操作管理（DCOM）解决方案总体框架。

图 10-1 数据中心操作管理（DCOM）解决方案总体框架

数据中心操作管理（DCOM）方案围绕正确可靠持续的做事基本思路，通过梳理、分析、汇总的方法，对数据中心日常操作管理，例如，值班排班管理、计划任务管理、工作记录管理等进行统一管理。同时也对日常操作管理的核心 SOP 建立统一的标准操作库以指导运维人员的日常操作，并监督运维人员的操作是否合规。

数据中心操作管理（DCOM）方案的核心是 DCOM 系统。基于排班管理、值班管理、计划任务、标准操作库、工作纪录、实时监控六大模块对数据中心日常操作进行管理和支撑，并开放接口，实现与 IT 服务管理系统的集成。

为满足移动巡检的要求，数据中心操作管理（DCOM）方案部署了指纹身份识别验证及基于平板电脑的移动巡检应用。内置数千项数据中心操作项，覆盖了机房基础设施、服务器、网络、安全等硬件设备、操作系统、中间件、数据库等关键操作说明。

与此同时，数据中心操作管理（DCOM）方案依托统一的操作模型为客户提供应用标准化操作的扩展能力，客户可以快速实现数据中心日常操作的标准化、规范化，进而实现操作步骤的自动化。

2.2 数据中心操作管理（DCOM）业务逻辑

1. 操作管理的业务逻辑

如图 10-2 所示为操作管理的业务逻辑。

图 10-2　操作管理的业务逻辑

2. 操作管理业务逻辑典型应用场景

如图 10-3 所示为操作管理业务逻辑典型应用场景。

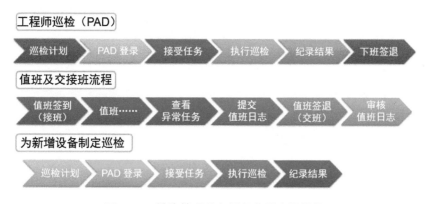

图 10-3　操作管理业务逻辑典型应用场景

2.3　数据中心操作管理（DCOM）功能介绍

1. 任务处理

数据中心操作管理（DCOM）具备统一的任务处理控制台，对工作内容一目了然。任务直接定位到目标设备和物理位置，便于快速处理。任务配合经验信息库 SOP，直接落地执行过程，全程电子化管理。

2. PAD 操作管理

与 IPAD 集成，专用移动巡检应用，自适应网络情况，自动缓存同步，实现在线离线自动切换。集成二维码定位，即时处理，及时反馈。

3. 计划任务和任务模板

提供电子化的计划任务规划日常工作。所有数据中心的任务都在计划之中。任务与计划灵活搭配，适应任何复杂环境下的任务调度与安排。同时提供向导式任务计划定义，简便而快捷，与巡检操作库无缝结合，实现灵活的配置管理。

4. 巡检操作库

总结并汇总上千条巡检与操作项，结合用户自身经验，建立企业运维 SOP 库，规范运维，高效高质。标准的 SOP 库可升级，可更新，可定制。

5. 配置管理

内置资产管理功能模块，自带二维码生成，实现设备数字化标识打印。

6. 排班管理

支持多班次混合定义，灵活适应复杂环境下的排班规则，可视化排班＋线下排班导入（Excel），从旧到新的无缝转换。支持以班组为单位进行排班，内嵌并可扩展排班规则。根据排班规则自动排班，同时可对排班规则进行排班冲突检查。

7. 值班管理

使用指纹认证进行签到签退操作，身份控制严格。值班状态与巡检管理紧密相关，符合数据中心行业特征，每班次自动统计当班次运维情况，生产值班日志，数据准确直观；交接班通过指纹双人确认，有效传递职责。

8. 与外部的接口

所有接口都是可选的，数据中心操作管理既可以独立运行，也可以作为一个模块集成在大系统中。

9. DCOM 与 ITSM 的协同工作

（1）如图 10-4 所示为异常事件处理协调工作流程。

（2）如图 10-5 所示为资产变更协同工作流程。

10. 操作管理绩效展示

通过查看数据中心操作运行情况，可了解运维班组人员的任务完成率、巡检故障率、故障开单率及个人工作量等情况，如图 10-6 所示。

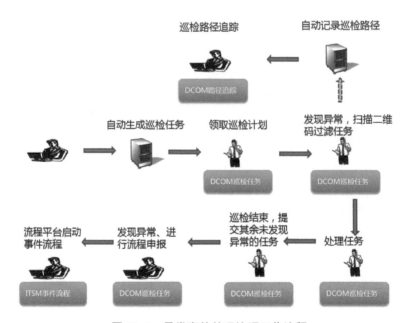

图 10-4　异常事件处理协调工作流程

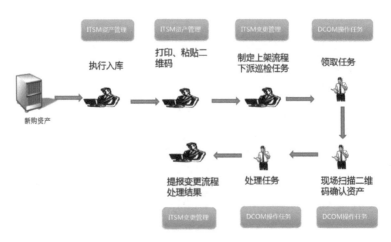

图 10-5　资产变更协同工作流程

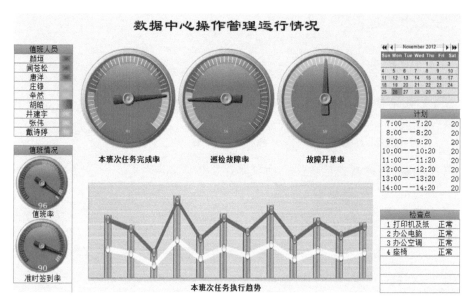

图 10-6   操作管理绩效展示

2.4   数据中心操作管理（DCOM）方案的实施过程

1. 数据中心操作管理培训

数据中心操作管理理念认知培训。

（1）了解操作管理的基本策略。

（2）了解操作管理对象、检查的内容项。

数据中心操作管理流程培训，结合具体项目所涉及的流程内容，进行重点培训。

2. 操作管理咨询

1）问卷调查

（1）采用调查问卷的方式了解客户操作管理的现状、存在的问题和期望达到的目标。

（2）根据问卷反馈的信息，进行整理、汇总和分析。

2）现场访谈

（1）通过现场访谈进一步了解客户操作管理的现状、存在的问题和期望达到的目标。

（2）现场访谈对象覆盖 CIO、各条线 IT 经理、IT 工程师、供应商、业务部门等数据中心利益相关者。

（3）对现场访谈反馈的信息进行整理、汇总和分析。

3）提供成熟度评估报告，进行现场汇报

（1）综合调查问卷和现场访谈反馈的信息，对客户数据中心操作管理现状进行分析，提供操作管理成熟度评估报告。

（2）与客户沟通成熟度评估报告并根据反馈进行调整。

（3）现场汇报。

4）SOP 标准库设计

（1）对客户日常操作的 SOP 进行收集、梳理、汇总。

（2）结合客户目标对 SOP 进行分析、调整。

（3）在与客户充分讨论的基础上进行优化，最终形成符合客户实践的操作库。

3. 产品

产品 Out-Of-Box 培训。

厂家提供本次项目的产品列表。

厂家提供产品用户手册、白皮书等相关文档资料。

厂家提供 Support ID，帮助客户享受在线咨询、产品补丁、产品升级、知识库等服务。

4. 实施

1）项目组成立

（1）客户与实施方共同确定项目组成员、项目范围、项目目标、项目沟通方式。

（2）明确双方的权利和责任。

（3）对项目中可预见的风险进行说明。

2）实施蓝图定义

通过现状分析，结合标准 SOP 库，给出实现本次项目目标的实施路径。

3）实施蓝图设计

结合流程和产品，对蓝图进行细化，转化为具体的需要调整的产品功能列表，包括 PC 端和移动端。

4）实施蓝图实现

涉及产品客户化、产品培训、产品 UAT 测试等过程。

5）实施验收及持续改进

包括系统的上线和项目验收，提供平台推广建议，定期回访以确保流程和平台的持续改进。

5. 主要功能特点

数据中心操作管理在管理上是秉承 ITIL 理念，满足当今数据中心精细化管理的自然产物。在技术上，通过借助移动化技术，也充分满足了企业两地三中心或多中心、多区域运维管理的诉求，是企业运维移动化这一未来趋势的积极尝试和创新。

另外，以往数据中心治、管、监、控的架构在不同工具域之间已经大量出现了横向或纵向的整合断层，这种断层严重影响了数据中心内部跨部门、组织的协同效率，已经不能满足以虚拟化、协同化、精益化、标准化为核心的新一代数据中心运维要求。数据中心操作管理通过以标准化任务为核心，将传统 ITSM 系统、监控数据和自动化运维平台有效串接在一起，并结合值班、排班、调度、任务管理等平台实现了数据中心资源的最大化利用，有效支撑了新一代数据中心的运维要求。

Appendix

微模块介绍

1 微模块数据中心定义及特征

微模块数据中心是为了应对云计算、虚拟化、集中化、高密化等服务器的变化，提高数据中心的运营效率，降低能耗，实现快速扩容且互不影响。微模块数据中心是指由多个具有独立功能、统一的输入/输出接口的微模块和不同区域的微模块可以互相备份，通过相关微模块排列组合形成一个完整的数据中心。微模块数据中心是一个整合的、标准的、最优的、智能的、具备很高适应性的基础设施环境和高可用计算环境。

微模块数据中心将能满足 IT 部门对未来数据中心的迫切需求，如标准化、微模块、虚拟化设计，动态 IT 基础设施（灵活、资源利用率高），7x24 小时智能化运营管理（流程自动化、数据中心智能化），支持业务连续性（容灾、高可用），提供共享 IT 服务（跨业务的基础设施、信息、应用共享），快速响应业务需求变化（资源按需供应），绿色数据中心（节能、减排）等。

2 微模块产品定义及系统组成

1. 微模块产品分类

微模块应用到数据中心大致归为以下两类：

（1）部分预制化数据中心：数据中心由预制化微模块（机柜系统、制冷系统、走线系统、监控系统等）与传统"现场施工"系统混合部署组成的微模块数据中心被称为"部分预制化数据中心"。

（2）全部预制化数据中心：数据中心以预制化微模块（供电系统、机柜系统、制冷系统、走线系统、监控系统等）为单个独立封闭空间。模块被分成几部分送达现场，并重新拼接。需要外部配套基础设施的支持，例如，发电机或冷水机组、高低压配电。

综上所述，下文中所谈的内容为"全部预制化数据中心"。

2. 微模块产品定义

本书中的微模块是指以若干机柜、UPS、配电柜、列头柜、机柜式（列间）空调等功能设备为基本单位，包含网络、布线、监控等功能在内的独立的运行单元。该模块内全部组件可在工厂预制，可灵活拆卸、搬运，现场快速组装后投入使用。

3. 微模块数据中心系统组成

微模块数据中心主要包括供电系统、制冷系统、机架系统、电缆连接系统、智能管理系统、气流组织管理系统等。

1）供电系统

供电系统包括不间断供电系统（输入输出配电、UPS 主机、列头柜）、机架配电、电池系统、地线系统、配电保护（防雷和电涌保护、各级保护断路器）、系统管理。供电系统根据客户需求可配置交流供电或直流供电。

2）制冷系统

制冷系统主要包括空调，以及运行所需的所有相关子系统（管道系统、管道和所有机架级的冷气配送设备）。为确保高密度机架的散热和降低制冷的能源浪费，可采用水平送风空调，就近送风、减少冷气损失，单机柜密度可提高至 20kW 以上。

3）机架系统

机架是所有的 IT 设备的支撑机构和分配单元，是 IT 设备的微环境。包括物理结构、承重、IT 设备的安装及兼容性、散热管理（进风、出风、气流管理）、电源分配（双路供电、机架 PDU）、线缆管理（电源电缆和数据电缆）等。

4）电缆连接系统

微模块数据中心的所有数据电缆，以及提供所有负载电力所需的电源电缆，也是基础设施的一部分。电缆铺设方法和电缆管理直接影响着 IT 系统的稳定运行。实践表明，电缆的可修复性和可管理性始终是机房中电缆铺设和管理的一个难题。

5）智能管理系统

为了确保微模块所有子系统的可靠运行，必须能够自动监视管理这些子系统。管理系统包括：动力设备管理系统、网络设备硬件管理系统、环境管理系统、安防系统，以及其他监测用的硬件和软件。

6）气流组织管理系统

微模块数据中心采用独立的冷却系统，来满足此功能区冷却需求。微模块机柜布局为冷 / 热通道，采用水平送风空调，所有空 U 的机柜空间安装盲板，95% 左右的冷风可以直接送到冷 / 热通道内而进入服务器机柜；所有机柜排出的热风被空调机组吸回，热风不再进入到机柜的前面。模块数据中心全封闭式冷气循环系统环境，提高空调使用率，达到节能降耗的效果。微模块数据中心顶部设置部分开启扇，开启面积为冷通道顶部面积的 60% 以上，由于机房采用气体灭火系统，当火灾系统启动时，冷通道的顶部开启扇部分开启，冷通道末端的玻璃门门磁失电，进行灭火。微模块数据中心消防联动系统采用自动控制功能，并把状态信号反馈给消防中心。自动状态下，通过消防控制中心信号让冷通道的顶部开启扇部分打开。气流组织管理系统组要由天窗系统、侧门系统和控制系统等组成。

3 台达微模块数据中心产品及公司介绍

1. 台达微模块数据中心产品介绍

台达微模块数据中心，如图附 -1 所示，其产品的颜色一般为黑色、哑光色，机房灯光下无晕眩感。如图附 -1 所示。包含：市电配电柜、UPS+ 列头、电池柜、网络机柜、机柜式（列间）空调、通道封闭组件、动环监控、门禁、视频监控、底座及内布线桥架等。产品规划具体如表附 -1 所示。

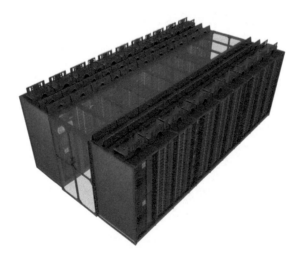

图附 -1　台达微模块数据中心

表附-1 台达微模块数据中心产品规划

名称	供电模式	机柜数量	安装方式	制冷方式	送风方式
小型微模块	直流 / 交流	1 ~ 7	地板、桥栈	风冷、水冷	水平
中型微模块	直流 / 交流	7 ~ 14	地板、桥栈	风冷、水冷	水平
大型微模块	直流 / 交流	14 ~ 28	地板、桥栈	风冷、水冷	水平

2. 台达微模块数据中心产品优势

（1）微模块采用上走线形式，模块内走线架采取机柜顶置的方式，位于模块顶部，在机柜上方固定，强、弱电分离。

（2）微模块内网络机柜由该列的"UPS+ 列头"引电，电池组可以集成或单独设置电池室安装。

（3）微模块采用两种监控方式：一种是每个模块配置 1 个彩色触摸屏；另一种是不配置彩色触摸屏。配置彩色触摸屏上传信息由触摸屏完成，不配置触摸屏由采集主机完成。

（4）微模块供电系统配置 B、C 两级防雷系统。

（5）触摸屏（选配）可显示 UPS+ 列头、空调、配电柜、机柜微环境、漏水、温度、湿度、烟感、门的状态等信息。

（6）UPS、空调、机柜外形尺寸，颜色完全一致，柜体一次成型。

（7）UPS、空调、监控等部件均为自主研发生产，公司掌握核心技术。

（8）小型、中型微模块供电系统集成同一柜内节省空间，可安装更多的主设备。

3. 关于台达集团

台达创立于1971年，为电源管理与散热解决方案的领导厂商，并在多项产品领域居世界级重要地位。面对日益严重的气候变迁议题，台达秉持"环保节能 爱地球"的经营使命，运用电力电子核心技术，整合全球资源与创新研发，深耕三大业务范畴，包含"电源及元器件""能源管理"与"智能绿生活"。同时，台达积极发展品牌，持续提供高效率且可靠的节能整体解决方案。

台达运营网点遍布全球，在中国、美国、泰国、日本、新加坡、墨西哥、印度、巴西及欧洲等地设有研发中心和生产基地。近年来，台达陆续荣获多项国际荣耀与肯定。自2011年起，台达连续4年入选道琼斯可持续发展指数之"世界指数（DJSI World）"，其中5项评分居全球电子设备产业之首；2014年CDP（国际碳信息披露项目）年度评比结果揭晓，台达从全球近2000家参与CDP评比的上市企业中脱颖而出，不仅获得最高等级A级评价，更是中国地区唯一入选气候绩效领导指数（Climate Performance Leadership Index,CPLI）的企业。

为满足客户对不间断运营的需求，台达集团－中达电通在全国设立了48个分支机构、74个技术服务网点与12个维修网点。依靠训练有素的技术服务团队，为客户提供个性化、全方位的售前、售中服务和最可靠的售后保障。

北京中科仙络智算科技股份有限公司

作为国内首家《数据中心场地基础设施运维管理标准》的起草机构，以及《从运维菜鸟到大咖，你还有多远——数据中心设施运维指南》的主创单位，北京中科仙络智算科技股份有限公司专注于围绕数据中心的基础设施提供全生命周期服务，包括咨询、测试验证、运维服务等。我们为客户提供丰富的运维服务产品，包括：

1. 前介服务
投产前，运维人员配合测试验证团队，提前入场识别风险，降低后期运维工作的难度

2. 全程运维管理
管理运维全过程，建立运维体系

3. 运维人员培训
培训客户一线人员，建立专业的运维团队

4. 运维人员外包
为客户配置训练有素的运维团队

5. IT运维外包
综合管理IT设备

6. 设备设施维保
为设备设施进行专项维护、保养、维修

7. 小型改造工程
改造小型设施

8. 安保及物业
提供设施及园区的安保、保洁等物业服务

北京中科仙络智算科技股份有限公司
电话：400-161-1386
邮箱：market@banyano.com
官网：www.banyano.com

核心业务
数据中心全程咨询｜认证咨询｜测试验证｜运维服务｜节能改造｜机柜托管及云服务

反侵权盗版声明

电子工业出版社依法对本作品享有专有出版权。任何未经权利人书面许可，复制、销售或通过信息网络传播本作品的行为；歪曲、篡改、剽窃本作品的行为，均违反《中华人民共和国著作权法》，其行为人应承担相应的民事责任和行政责任，构成犯罪的，将被依法追究刑事责任。

为了维护市场秩序，保护权利人的合法权益，我社将依法查处和打击侵权盗版的单位和个人。欢迎社会各界人士积极举报侵权盗版行为，本社将奖励举报有功人员，并保证举报人的信息不被泄露。

举报电话：（010）88254396；（010）88258888

传　　真：（010）88254397

E-mail：dbqq@phei.com.cn

通信地址：北京市万寿路 173 信箱

　　　　　电子工业出版社总编办公室

邮　　编：100036